# 中国干旱灾害风险管理战略研究

亚行技援中国干旱管理战略研究课题组/著

中国水利水电出版社
www.waterpub.com.cn

## 内 容 提 要

　　本书是亚洲开发银行技术援助项目"21世纪中国干旱管理战略研究"的重要研究成果之一。书中针对中国干旱灾害管理现状，在消化、吸收国际社会干旱灾害管理的先进理念和成功经验的基础上，初步探讨了干旱灾害风险管理基础理论，提出了包括体制机制改革、应急能力建设、需水节水管理、极端干旱备灾以及科学技术支撑等在内的中国干旱灾害风险管理战略框架，并明确了近期的行动计划，能够为实现科学抗旱和主动抗旱、显著增强抗旱能力提供理论支撑。

　　本书可供从事抗旱减灾工作的政府工作人员、管理人员以及科研工作者参考，也可供高等院校相关专业师生参考。

## 图书在版编目（C I P）数据

中国干旱灾害风险管理战略研究 / 亚行技援中国干
旱管理战略研究课题组著. -- 北京：中国水利水电出版
社，2011.9
　ISBN 978-7-5084-9012-0

Ⅰ. ①中… Ⅱ. ①亚… Ⅲ. ①旱灾－风险管理－研究
－中国 Ⅳ. ①D632.5

中国版本图书馆CIP数据核字(2011)第189505号

| 书　　名 | **中国干旱灾害风险管理战略研究** |
| --- | --- |
| 作　　者 | 亚行技援中国干旱管理战略研究课题组　著 |
| 出版发行 | 中国水利水电出版社<br>（北京市海淀区玉渊潭南路1号D座　100038）<br>网址：www. waterpub. com. cn<br>E-mail：sales@waterpub. com. cn<br>电话：(010) 68367658（发行部） |
| 经　　售 | 北京科水图书销售中心（零售）<br>电话：(010) 88383994、63202643<br>全国各地新华书店和相关出版物销售网点 |
| 排　　版 | 中国水利水电出版社微机排版中心 |
| 印　　刷 | 小森印刷（北京）有限公司 |
| 规　　格 | 170mm×240mm　16开本　6印张　107千字 |
| 版　　次 | 2011年9月第1版　2011年9月第1次印刷 |
| 印　　数 | 0001—3000册 |
| 定　　价 | **68.00元** |

凡购买我社图书，如有缺页、倒页、脱页的，本社发行部负责调换

亚洲开发银行技术援助项目 [TA7261-PRC]

21世纪中国干旱管理战略研究

## 项目负责人

国家防汛抗旱总指挥部办公室
张志彤　张　旭

亚洲开发银行
Yoshiski Kobayashi

水利部国际经济技术合作交流中心
于兴军

GHD公司
邹进彰

## 主要参加人

中国水利水电科学研究院
吕　娟　苏志诚　屈艳萍　吴玉成
高　辉　张海滨　喻朝庆　孙洪泉

国家防汛抗旱总指挥部办公室
张家团　刘学峰　成福云　万群志
冯　琳　王　为　杨　光　李云鹤　孙远斌

水利部国际经济技术合作交流中心
张海龙　樊彦芳　孙　岩

GHD公司
Wayne Hancock　Jerri Romm
刘力利　Daniel Todd　梁晓晓

撰写人员

**第一章**

吕　娟　吴玉成　张海龙　樊彦芳

**第二章**

吕　娟　屈艳萍　苏志诚

**第三章**

吴玉成　屈艳萍　Wayne Hancock　Jerri Romm

**第四章**

苏志诚　高　辉　孙　岩　孙洪泉

**第五章**

屈艳萍　张海滨　高　辉　孙洪泉

**第六章**

吕　娟　屈艳萍　吴玉成　苏志诚　Wayne Hancock

**第七章**

苏志诚　吕　娟　张海龙　张海滨　Jerri Romm

◆全书由中国水利水电科学研究院吕娟
　教授校核并统稿。

# 序

从古至今，干旱一直是导致粮食减产和水资源短缺的最主要因素。几千年来，中华民族为防御干旱，减少灾害损失付出了艰苦卓绝的努力，修建的都江堰、郑国渠、引漳十二渠、它山堰等一批举世闻名的古代水利工程，至今仍闪耀着彪炳史册的光辉。新中国成立后，中国政府高度重视抗旱减灾工作，组织实施了大规模的水利基础设施建设，抗旱减灾能力大大提高，不仅为农业生产提供了灌溉水源，还为经济社会发展提供了强有力的支撑。当今，在拥有13.4亿人口，占世界人口总数约1/5的中国，粮食安全和用水安全关系着国计民生、社会稳定，是治国安邦的头等大事。近些年来，全球气候变化的影响，极端天气事件日渐增多，特别是伴随着中国国民经济快速发展、人口增加、城市化进程的加快，干旱对中国的粮食安全、城乡居民用水安全乃至生态安全均构成了严重威胁，干旱带来的灾害制约着中国经济社会的可持续发展。如何提升抗旱减灾管理水平，增强抗旱减灾能力，促进人水和谐，是重大战略问题。

2009年7月，澳大利亚GHD公司与中国水利水电科学研究院联合开展了"21世纪中国干旱管理战略研究"。该项目通过调研中国干旱灾害管理现状，分析中国开展干旱灾害风险管理的必要性和可行性，借鉴国际社会干旱灾害管理的先进理念和成功经验，提出了中国干旱灾害风险管理战略框架和近期行动计划，并为尽快实现科学抗旱

和主动抗旱，显著增强抗旱能力提供了理论支撑，为转变抗旱减灾管理方式，降低干旱灾害损失和影响提供了有益方法。令人高兴的是，这一研究项目得到了亚洲开发银行的技术援助。

当前，抗旱减灾管理正处于必须紧紧抓好并大有作为的重要机遇期。全面建设小康社会的需求，人民群众过上美好生活的新期待，都迫切需要我们推动抗旱减灾管理方式的进步。希望通过这样的框架和计划，吸引更多的社会公众关注抗旱减灾事业，凝聚更多的科技工作者关心并参与抗旱减灾管理研究，推动其不断创新发展，为我国转变经济发展方式、全面建设小康社会提供基础保障！

是为序。

二〇一一年八月三日

1928~1932年西北大旱陕西灾民拔草充饥

1972年华北大旱河南岗塔水库干涸

1934年华东大旱嘉兴郡庙祈雨会

1963年南方大旱广西灾民排队舀水

2007年辽宁西北部干枯的玉米

2008年黑龙江齐齐哈尔枯死的大豆

2009年山西吕梁地区受旱冬小麦

2009年湖南张家界龟裂的稻田

2007年赣江干流沙滩裸露

2010年云南曲靖德格海子水库干涸

2006年重庆万州干渴的孩子接水喝

2006年重庆黔江 小女孩顶着烈日背水

2007年宁夏海原居民远距离拉水

2010年云南砚山村民拉着牛车排成长队取水

都江堰

潘家口水库

广西凤山地头水柜

扬黄工程-黄河泵站

海岛大陆引水

喷灌机

抗旱物资储备

固定墒情监测站

海水淡化

应急打井

应急送水

抗旱会商

# 目录

# 1 引言

## 1.1 立项背景与意义

自有人类社会起，自然灾害就与其相伴相生，并阻碍着社会的进步与发展。干旱灾害作为中国发生频率高、影响范围广、持续时间长和造成损失大的自然灾害之一，对中国社会的方方面面都产生着深刻的影响。历史上，干旱灾害不仅造成农业减产，还导致经济危机、人口锐减，甚至朝代更迭。在当代，由于人们认识水平的不断提高，采取了工程措施与非工程措施加以应对，干旱灾害一般不会造成人的生命损失，但依然会导致粮食减产、供水短缺和生态环境恶化。据统计，自20世纪90年代以来，我国因旱年均粮食损失高达278亿公斤，因旱年均工业损失超过2000亿元，因旱年均饮水困难人口达2746万。同时，干旱灾害还导致了部分河道断流、湖泊萎缩以及土壤沙化等。

需要特别强调的是，近年来在全球气候变化的大背景下，中国年平均气温升高，降水年际年内变异增大，山地冰川加速退缩，极端天气气候事件增多，区域降水和河川径流变化波动明显增大。部分流域降水和水资源的转换规律发生了变化，特别是黄、淮、海、辽四个流域变化最为明显，近20年降水减少了6%，地表径流减少了17%，其中海河流域降水减少10%，地表径流减少41%。气候变化可能导致干旱发生的频率升高，不同地域、不同季节发生严重及特大干旱灾害的年份增多。未来，连季性、连年性的极端性干旱事件还有可能发生。

在与干旱的长期斗争中，古人也积累了一些切实可行的抗旱方法，如灾前预防、赈济救灾、移民就食、保护植被、改良作物、改进农耕技术等。现今，伴随着技术的进步，中国政府不仅修建了蓄、引、提、调等水利工程，还设立了专门的抗旱组织机构，组织应急调水，储备抗旱物资，组织抗旱服务，编制抗旱预案，开发抗旱信息系统等，有效地减轻了干旱灾害造成的影响和损失。但总体来说，目前中国的干旱灾害管理模式还是应急管理模式，即危机管理模式。这种在干旱来临之时才"抗"的危机管理模式，由于缺乏早期的跟踪监测及预报预警，导致了旱期的盲目应对，这不仅浪费了大量的人力、物力和财力，而且其减灾效果也十分有限。为保障中国经济社会的平稳较快发展，满足建设平安、和谐社会的需要，必须由干旱灾害的危机管理向风险管理转变。本项目通过解析干旱灾害风险管理的内涵，找出中国干旱灾害管理的差距，提出中国干旱灾害管理的发展方向，对于提高中国的抗旱减灾管理水平，增强抗旱能力具有重要的现实意义。

## 1.2　研究目标与内容

通过全面调研分析中国干旱灾害现状、趋势，管理政策、机制，以及技术手段等，消化、吸收国际社会干旱管理的成功经验和先进理念，结合中国实际，提出适合中国的干旱灾害管理战略，为实现科学抗旱和主动抗旱，显著增强抗旱能力提供理论支撑。

主要研究内容如下：

（1）干旱灾害风险管理基础理论。界定干旱、干旱灾害及干旱灾害风险的概念；阐述干旱灾害风险管理的内涵；明确干旱灾害风险管理的决策过程。

（2）国内外干旱灾害风险管理实践。通过对美国、澳大利亚、南非及欧洲等国家和地区风险管理的考察和调研，分析总结国际社会推进干旱灾害风险管理的主要特点和发展趋势；总结内蒙古自治区、天津市、辽宁省和安徽省几个具有代表性省区在干旱灾害管理中存在的问题。

（3）中国推行干旱灾害风险管理的必要性和可行性分析。在分析总结中国干旱灾害管理进展的基础上，结合中国未来发展对抗旱减灾的需求，分析中国实施干旱灾害风险管理的必要性和可行性。

（4）中国干旱灾害风险分析。基于干旱灾害风险管理理论，从干旱灾害危险性、暴露性和脆弱性三个方面对中国干旱灾害风险进行分析。

（5）中国干旱灾害风险管理战略框架。明确战略框架的指导思想、基本原则和战略目标，提出包括体制机制改革、应急能力建设、需水节水管理、极端干旱备灾以及科学技术支撑等五方面战略。

（6）中国干旱灾害风险管理战略近期行动计划。

## 1.3　项目组织与实施

### 1.3.1　项目组织

亚洲开发银行技术援助项目"21世纪中国干旱管理战略研究"〔TA7261-

PRC] 于 2009 年 7 月正式启动。项目由澳大利亚 GHD 公司承担，水利部国际经济技术合作交流中心负责组织协调，国家防汛抗旱总指挥部办公室（以下简称国家防办）进行业务指导。项目组由中国水利水电科学研究院 5 位专家，澳大利亚 1 位专家，美国 1 位专家组成。

## 1.3.2 项目实施

### 1.3.2.1 执行过程

项目自启动以来，在国家防办的大力支持和水利部国际经济技术合作交流中心的协调指导下，中外专家密切配合，先后开展了国内外干旱灾害管理实践调研，召开了干旱灾害管理国际研讨会。针对项目研究目标，项目组就干旱灾害风险管理概念、国际干旱灾害管理实践、国内干旱管理现状、干旱灾害风险管理战略以及行动计划等内容先后开展了数十次讨论，完成并提交了项目报告提纲、国内外干旱管理调研报告、项目中期研究报告以及项目终期研究报告。

### 1.3.2.2 重要活动

（1）中国典型省份干旱灾害管理实地调研。为了全面把握中国抗旱减灾及管理状况，项目专家组于 2009 年 8 月至 2010 年 4 月先后前往内蒙古自治区、天津市、辽宁省和安徽省进行了实地调研，分别重点考察调研了牧区干旱及农业节水灌溉、城市干旱及其应急管理、农业干旱及管理和农业旱情信息监测及管理等方面情况。

（2）国际干旱灾害管理调研。为了充分借鉴和吸收国外干旱灾害管理经验及理念，2010 年 11 月，中方专家组赴澳大利亚开展了相关考察调研工作。先后前往澳大利亚国家气象局、YARRA 河流域管理局、GHD 公司和澳大利亚国家可持续·资源·环境及水文化中心等单位进行了考察调研，对澳大利亚干旱灾害管理理念、管理经验及采取的实际措施有了较深入的了解和把握。

（3）干旱灾害管理国际研讨会。2009 年 11 月 3～5 日，项目管理机构在北京组织召开了"干旱管理国际研讨会"。参加会议的代表有来自美国、澳大利亚，以及国内重点省区、流域机构从事抗旱减灾实践与管理工作的专家，共计 70 余人。与会代表就国内外干旱灾害概况、管理经验、干旱监测及信息管理等方面进行了交流。

# 2 干旱灾害风险管理基础理论

## 2.1 干旱与干旱灾害概念界定

干旱是指由天然降水异常引起的水分短缺现象。干旱可能发生在任何区域的任何季节。从降水变率的角度来说，干旱是临时性现象，是大气环流和主要天气系统持续异常的直接反映，与季风的强弱、来临和撤退的迟早以及季风期内季风中断时间的长短也有直接关系。此外，下垫面热状况，如海洋热异常等都有可能引起干旱；太阳活动、火山活动、地球自转速度、地极移动等变化与旱涝也存在一定关系。关于干旱评价，目前采用的指标是以反映天然降水变异情况的参数为主，如时段降水量、降水距平百分比、降水成数、帕尔默干旱指数、标准化降水指数等。由于各地自然条件不尽相同，难以制定统一的干旱标准，各地区缺乏可比性。

干旱灾害是指由于降水减少导致水工程供水不足引起的用水短缺对生活、生产和生态造成危害的事件。干旱灾害具有区别于其他自然灾害的显著特点。其一，由于干旱灾害具有渐变发展的特点，持续时间相对较长，影响范围逐渐扩大，其影响效应具有累积性和滞后性，开始时间、结束时间难以准确判定。其二，与洪涝灾害、地震灾害等其他自然灾害不同，干旱灾害一般不会对人类社会造成直接的人员伤亡以及建筑物和基础设施的毁坏，但带给人类社会的影响和损失却有过之而无不及。根据灾害成灾机理，形成干旱灾害必须具备致灾因子、承灾体和孕灾环境三个要素。这三个要素在干旱灾害的形成过程中缺一不可，只是对灾情程度起到的作用不同。由于干旱灾害涉及自然和社会两个方面因素，影响范围广、行业多，准确的定量评估灾害损失往往还难以做到，目前对干旱灾害尚无统一、公认的评价指标体系。

干旱与干旱灾害的区别主要体现在其形成机制上。干旱主要是由降雨偏少或气温偏高等气象因素异常所导致，属于自然现象；而干旱灾害则是由干旱这种自然现象和人类活动共同作用的结果，是自然环境系统和社会经济系统在特定的时间和空间条件下耦合的特定产物。干旱就其本身而言并不是灾害，只有当干旱对人类社会或生态环境造成不良影响时才演变成干旱灾害。

干旱只是起因，不是干旱灾害形成的唯一条件；干旱灾害是结果，其成因还与区域社会经济基础、抗旱减灾能力等多种因素相关。在相同的干旱强度下，灾情会因抗御能力、经济水平和人类对干旱的反应不同而呈现出较大的差异。

由于干旱和干旱灾害的形成机制不同，对二者开展研究的角度以及应对的策略也不相同。研究干旱，侧重于从自然科学的角度开展，包括干旱的物理形成机制、气候驱动机制与模式、干旱的识别技术及预测技术等；研究干旱灾害则侧重于从社会科学的角度开展，涉及水利、气象、农业、地理、社会等多个学科，包括干旱灾害成灾机理、时空演变、风险评估、影响评价、趋势预测以及防灾减灾措施等。干旱作为一种自然现象，人类没有能力去控制它的发生，更不可能消灭它，所以干旱发生之后，人类只能设法去适应它。干旱灾害由于与人类社会活动密切相关，且人类社会活动在一定程度上能够起到"放大"或"缩小"干旱灾害的影响作用，因此，人类可以通过调整自身的行为减轻干旱灾害的影响。

# 2.2　干旱灾害风险及干旱灾害风险管理

## 2.2.1　干旱灾害风险概念

风险的概念，最早是 19 世纪末由西方学者在经济学领域中提出，指从事某项活动结果的不确定性。20 世纪中期，风险被逐步引入了灾害研究领域。目前，比较公认的观点认为灾害风险（Risk）是由一定区域内灾害的危险性（Hazard）、暴露性（Exposure）和脆弱性（Vulnerability）综合作用形成的。

干旱灾害风险，是指干旱的发生、发展对社会、经济及自然环境系统造成影响和危害的可能性。干旱灾害风险并不等同于干旱灾害，只有当因干旱造成的影响和危害的可能性变为现实，风险才转化为灾害。干旱灾害风险形成机制示意图参见图 2.1，危险性、暴露性和脆弱性分别对应于致灾因子、承灾体和孕灾环境。

致灾因子的危险性是指造成干旱灾害的自然变异因素及其异常程度，如天然降水异常偏少或气温异常偏高的程度等。一般来说，致灾因子危险性越大，干旱灾害的风险也就越大。

承灾体的暴露性，是指可能受到干旱缺水威胁的社会、经济和自然环境系统，具体包括农业、牧业、工业、城市、人类和生态环境等。一个地区暴露于干旱灾害危险因素的价值密度越高，可能遭受的潜在损失就越大，风险也就越高。

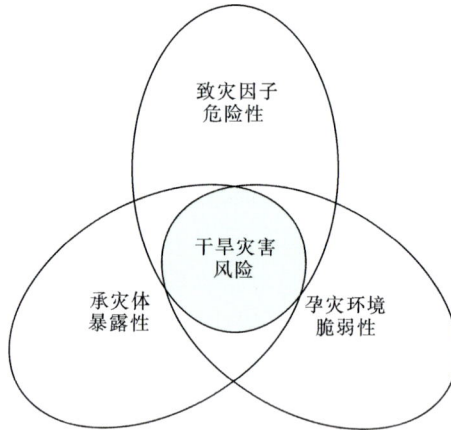

图 2.1　干旱灾害风险形成机制示意图

　　孕灾环境的脆弱性是指因各种自然因素与社会经济因素制约而造成的易于遭受干旱灾害损失和影响的性质。影响干旱灾害脆弱性的自然环境因素，即"先天性干旱灾害脆弱"，主要体现在地形地貌特征、气候条件、水文条件等；而影响干旱灾害脆弱性的社会经济因素，即"后天性干旱灾害脆弱"，包括社会经济发展水平、产业结构、农作物种植结构、基础灌溉设施建设、防旱抗旱保障体系建设以及人们防旱抗旱意识的强弱等。在相同的致灾强度下，灾情会因设防能力、经济水平和人类对干旱灾害的反应不同而呈现出较大的差异，即干旱灾害脆弱性的高低具有"放大"或"缩小"灾情的作用，同时也能客观反映人类对干旱灾害应付、缓冲和恢复能力的差异。一般孕灾环境的脆弱性越低，灾害风险也越低。

　　从系统工程的角度看，干旱灾害风险可作为一个系统，其系统输入为干旱灾害的危险性，其系统转换为孕灾环境的脆弱性和承灾体的暴露性，而其系统输出就是有可能发生的干旱灾害灾情。

## 2.2.2　干旱灾害风险管理内涵

　　从古至今，在全球范围内，洪水、干旱、地震、火山喷发、滑坡、泥石流、风暴潮、海啸、冰雹等各种自然现象每天都会发生，但这些自然现象在不作用于人类社会时不称其为灾害，反之则为灾害。近年来，伴随着全球气候变化的加剧和人类社会的快速发展，各种自然灾害多发、频发、重发，造成的损失和影响与日俱增。如何有效应对这些自然灾害，减轻损失，一直是人类不断探索解决的重要难题。目前，国际社会应对这些自然灾害主要有两种模式，一种是灾害的危机管理模式，另一种是灾害的风险管理模式。受认识所限，长期以来，灾害的危机管理模式在世界各国一直占据着主导地位，但随着近年来风险概念的提出和人类社会减轻灾害损失愿望的日益强烈，灾害的风险管理模式应运而生，并逐渐被许多国家所采用。

干旱灾害危机管理模式是指当干旱灾害发生后才开始作出反应，临时制定应急对策和措施，以期减轻干旱灾害损失和影响。但由于干旱灾害危机管理模式主要是针对眼前和局部的问题，采取的措施往往是临时性和应急性的，效果十分有限。干旱灾害风险管理模式是通过监测、分析、预测干旱的发生、发展规律，评估干旱灾害可能造成的损失和影响，优化组合各类抗旱措施，有序、有效地应对干旱灾害，并对干旱灾害进行后评价的全过程。因此，干旱灾害风险管理是一种主动、有备、周密和有效的防旱抗旱减灾管理模式，贯穿于干旱发生发展的全过程，其本质是积极地预防和降低干旱灾害风险。

实践证明，采用不同的干旱灾害管理模式，将形成两种截然不同的社会，一种是在干旱面前脆弱的社会；另一种是有一定抵御能力社会，这两种社会在遭遇同样干旱的情况下，将会产生不同的灾害后果，如图 2.2 和图 2.3 所示。在干旱面前脆弱的社会，缺乏针对干旱的早期监测预警能力，没有完备的减灾策略和体系，不知道什么处于干旱灾害风险之中，也不知道为什么会

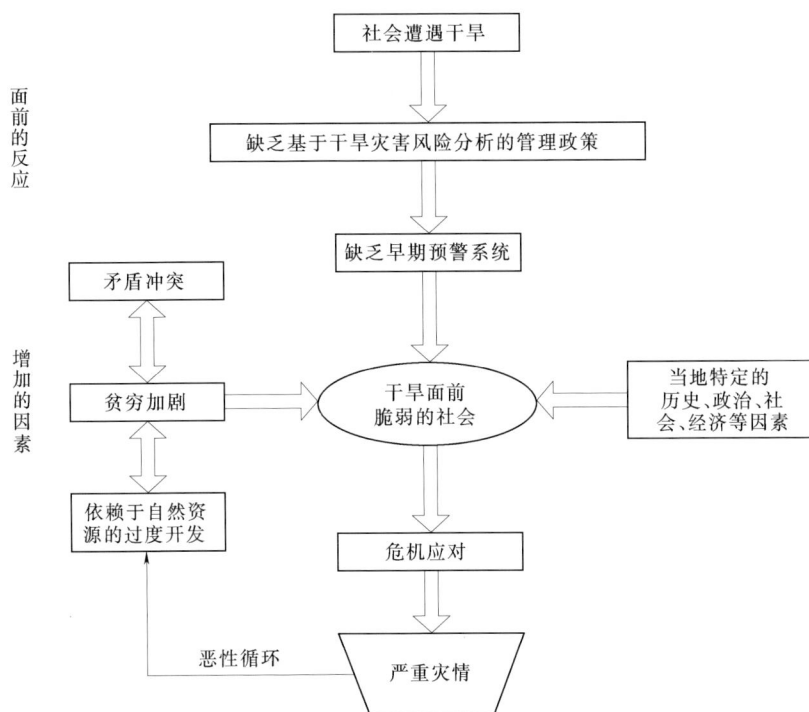

图 2.2　干旱面前脆弱的社会

处于风险之中，干旱灾害一旦发生，社会将承受较大、较深远的负面影响，往往需要较长的恢复期。在干旱面前有抵御能力的社会，已经清楚掌握什么处于干旱灾害风险之中以及为什么会处于风险之中，已经建立了综合的早期预警系统，并制定了基于风险管理的较为完备的减灾对策和体系。

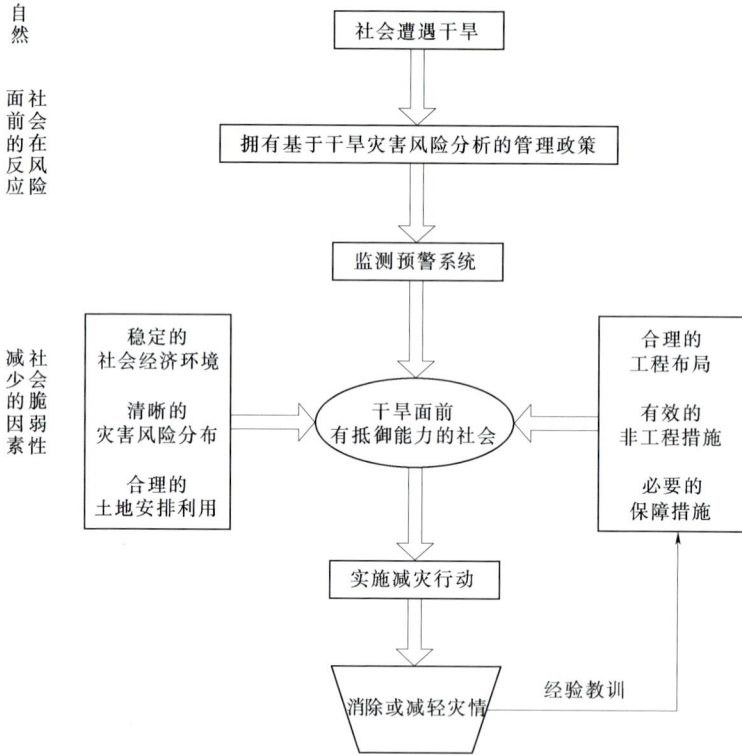

图 2.3　干旱面前有抵御能力的社会

## 2.2.3　干旱灾害风险管理决策过程

　　干旱灾害风险管理决策过程包括干旱灾害风险分析、干旱灾害风险评价及干旱灾害风险处置三个部分，见图 2.4。其中，干旱灾害风险分析是干旱灾害风险评价的前提，而干旱灾害风险评价又是干旱灾害风险处置的依据。

　　干旱灾害风险分析主要包括致灾因子危险性分析、承灾体暴露性分析和孕灾环境脆弱性分析。干旱灾害致灾因子危险性分析是研究受干旱威胁区域可能遭受干旱影响的强度和概率。干旱强度主要是指气象干旱的严重程度，常用天然降水异常偏少等指标来表示。干旱频率常用重现期（多少年一遇）来表达。干旱灾害承灾体暴露性分析是分析研究受干旱威胁区域承灾体的种

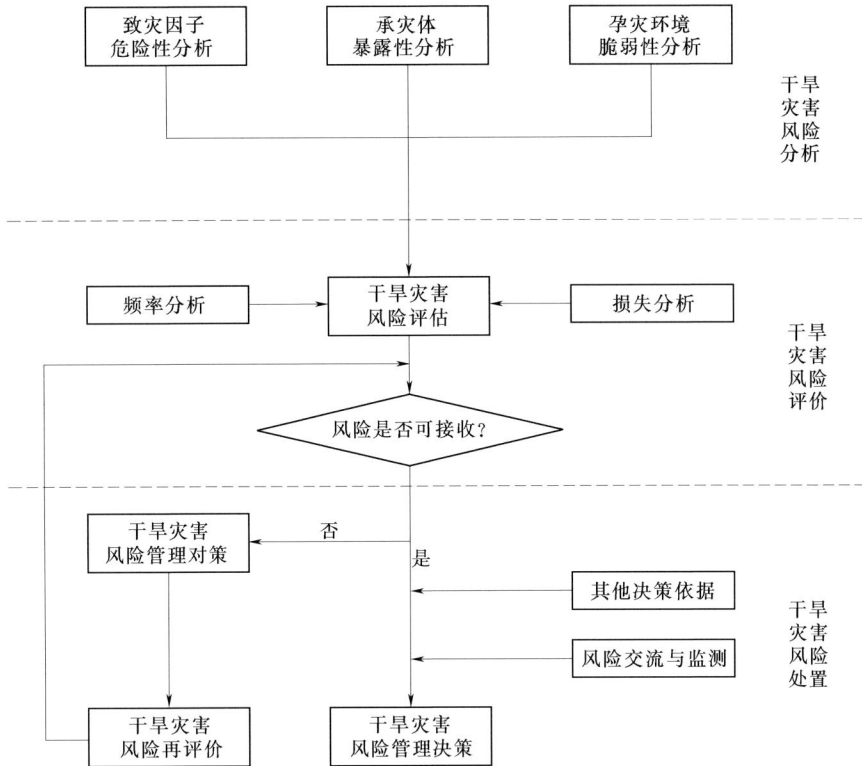

图 2.4 干旱灾害风险管理的决策过程

类、范围、数量、密度、价值等。干旱灾害孕灾环境脆弱性分析是风险管理的关注重点，主要分析受干旱威胁区域因自然环境与社会经济环境制约，遭受干旱灾害损失和影响的可能性。依据受威胁区域的自然环境特征和社会经济情况，分析区域各类承灾体遭受影响和损失的可能性。

干旱灾害风险评价的目的是判断风险的严重程度，为风险处置提供依据。主要是利用干旱灾害风险分析确定各因素的风险等级，如极高、高、中等、低等，然后再确定哪些风险是可以接受的，哪些风险是不可以接受且需要处置的。

干旱灾害风险处置的目的是通过选择和实施风险处置措施以降低干旱灾害风险。对于可以接受的风险，在结合其他决策依据以及风险交流与监测的基础上，形成干旱灾害风险管理决策；对于不可以接受的风险，则需要采取干旱灾害风险管理对策，如通过规范土地利用、加强干旱预报和干旱灾害预警等回避和防御风险，通过制定具有可操作性的抗旱应急预案等减轻风险，或者通过旱灾保险等转移风险，然后进行风险再评估。

# 3 国内外干旱灾害风险管理实践

在国际上，干旱灾害管理研究起步较晚，也不够全面系统。在发达国家中，较早开展干旱灾害管理研究的是美国和澳大利亚，他们在 20 世纪八、九十年代就提出了干旱灾害风险管理理念，制定了一系列干旱灾害管理政策，建立了旱情监测和预警体系。另外，南非和欧洲一些国家也有一些经验值得借鉴。

## 3.1 国际社会干旱灾害管理实践活动

### 3.1.1 美国

美国是世界上干旱灾害管理体系相对完善的国家，但在 20 世纪 80 年代以前，美国政府应对干旱灾害主要也是危机管理模式，由政府承担干旱救助的贷款损失，事实证明这是一种低效的管理模式。美国真正意义的现代干旱灾害管理也只是近二十几年才开始的，其总体思路是由危机管理向风险管理转变。在推进干旱灾害风险管理的过程中，美国在干旱管理政策、干旱监测预警、干旱灾害风险评估等方面取得了很好的进展。

#### 3.1.1.1 干旱管理政策

美国干旱灾害管理是自下而上由州政府推动联邦政府开展起来的。

20 世纪 80 年代之后，美国各州陆续根据自然及社会条件制定各自的干旱管理政策，其具体的管理计划、干旱指标等不尽相同。州环境保护局在各州干旱和水资源管理上起核心作用，州环保局直接管理最基层的社区水系统，而其他政府部门干预较少。最基层的社区水系统也要求制定各自相对独立的干旱管理计划，把具体的水源管理、水资源分配、操作规程、应急行为、节水目标等规定得十分细致，具有很强的可操作性，通过上下协作机制实现水资源优化，保障供水安全。

相对于各州的积极进展，联邦政府的干旱管理政策却相对滞后，造成各州的管理政策缺乏更高层次的协调领导。直至 1996 年美国发生严重干旱，制定联邦干旱政策才引起政府和学术界的广泛关注。1998 年美国国会通过了

《国家干旱政策法案》，并因此成立了国家干旱政策委员会。2000 年，该委员会向总统和国会提出了以防御为主的政策建议，包括如下要点：把完善干旱规划、减灾措施、风险管理、资源环境、公众教育等作为管理核心内容；加强科学家与管理者的合作以增强网络监测预报和信息传递能力；全面发展保险与财政政策并将其纳入管理规划之中；维持应急救援网络，保障资源合理分配，鼓励发展自我救助能力；干旱管理与有效资源利用应以被救助对象为中心。

### 3.1.1.2　干旱监测预警

美国的地球观测体系比较健全，地理信息共享程度非常高。除了气象卫星和水文气象台站外，他们还有很完善的雷达天气系统、地下水监测网络等，并且大部分数据都是以互联网形式共享的，为科学研究和信息传递降低了社会成本，也无形地增强了公众意识。

为追踪和展示全美国干旱的程度、空间范围以及影响，美国国家干旱减灾中心联合美国农业部、商业部研究开发了国家级干旱监测业务产品——干旱监测图（Drought Monitor）。制作干旱监测图，需要综合考虑帕尔默干旱指数、农作物水分亏缺指数、降雨量、多年平均年降水量、日径流量、降雪量、土壤湿度、气候概况、径流量预报、土壤湿度预报、植物和温度情况等诸多参数或指数，并将这些信息集成在一幅直观的彩图，发送给气象、水文、农业、经济等各方面的专家，专家将其个人的意见反馈给制图者，制图者再根据专家意见调整或修改干旱监测图并最终发布。此干旱监测图为每周发布一次，能够为政府及公众等的决策提供有效的依据，也与各州及地方自己的干旱监测结果互为补充。美国的干旱监测，具有以下几方面的特色：一是产品本身具有很好的参考价值，不仅融合了众多量化的指数等客观信息，同时还考虑了专家的主观分析；二是研发模式上实现了部门间的合作和信息资源共享，而非部门各自为政，打破了信息壁垒；三是产品的目标对象不仅仅是政府及相关部门，更以直观、简明的形式吸引了普通民众，对提高公众干旱灾害风险意识起到了很好的作用。

### 3.1.1.3　干旱灾害风险评估

美国西部干旱协调委员会制定了干旱行动反应指南，对干旱灾害风险进行评估，供用户确定可以降低未来干旱灾害脆弱性的减灾行动。其核心是确定有关干旱影响的优先程度，并进行排序；研究和探讨这些影响的潜在的环境、经济和社会方面成因；选择针对这些潜在原因的行动。鉴于以往几乎所有的干旱反应都是针对干旱影响的，指南着重考虑干旱影响背后的深层原因就显得非常有价值。其基本程序和工作内容包括以下几个方面：

（1）组织多学科专家工作组，为他们提供足够的数据来分析区域干旱灾害风险水平、成因。在干旱灾害风险分析中，强调公众参与，以加强他们对决策的各个步骤的理解，发挥公众参与管理的作用。

（2）进行干旱影响评估。干旱影响评估从确定干旱的直接后果开始，如作物减产、牲畜死亡和水库水量减少、被迫卖掉家庭财产或土地、迁移或身心的打击等。干旱影响可以划分为环境影响、经济影响和社会影响，且既要考虑过去和现在的影响，也要考虑将来的影响。干旱影响评估对于明确脆弱区域、人口或行动并确定风险水平非常重要，但不能确定造成这些影响的根本原因。

（3）进行干旱影响排序。按影响重要程度进行排序。为了公平、有效，排序时需考虑费用、区域范围、公众意见、公平、恢复能力等，决策应尽量代表大多数人的利益。

（4）进行脆弱性评估。目的是识别干旱影响的社会、经济和环境方面的深层原因。譬如，干旱的直接影响可能是作物减产，然而，其深层的原因可能是农民不愿意使用耐旱的种子，或者是种子资源有限，或者是这样做费用太高，或者还有文化信仰的缘故。该评估在影响评估和政策制定之间起到桥梁的作用，引导制定政策时关注脆弱性形成的根本原因，而不是只关注干旱的结果及负面影响。

（5）确定减灾行动。在明确干旱影响的优先顺序和产生脆弱性的根本原因的基础上，确定合适的行动以降低干旱灾害风险。这里特别强调的是减灾行动应与减轻干旱影响的总目标一致，所以，行动的选择要针对根本原因。

（6）制定行动计划。行动选择应该考虑可行性、效益、费用和平等性，并需要明确哪些是现在必须做的，哪些是干旱发生时或发生后做的。

## 3.1.2 澳大利亚

澳大利亚是世界上典型的干旱易发国家，也是国际上较早提出和实施干旱灾害风险管理的国家。在 20 世纪 90 年代以前，澳大利亚的干旱应对策略与其他国家一样，都是以应急救援和危机管理为主。1989 年，澳大利亚政府设立了干旱政策评估特别工作组（Drought Policy Review Task Force），并在1990 年提出转换干旱管理理念的建议，其核心内容就是认为干旱是澳大利亚是正常自然现象的一部分，农场主的农业生产应该与其他商业行为一样，把干旱作为一种成本风险来考虑；政府不应该再以应急救援为主要手段，而应以

## 脆弱性分析方法—影响树分析法

干旱灾害脆弱性分析是风险分析最重要的环节，目的是识别干旱影响的社会、经济和环境方面的深层原因，从而在影响评估和政策制定之间起到桥梁的作用，引导制定政策时关注脆弱性形成的根本原因，而不是只关注干旱的结果及负面影响。

脆弱性分析方法较多，常用的有影响树分析法、案例分析法以及情景分析法等。其中，影响树分析法是非常有效的方法之一，通过树状分析，能够全面、直观、清晰地梳理出潜在的深层原因。下面是两个简单的影响树分析法实例。

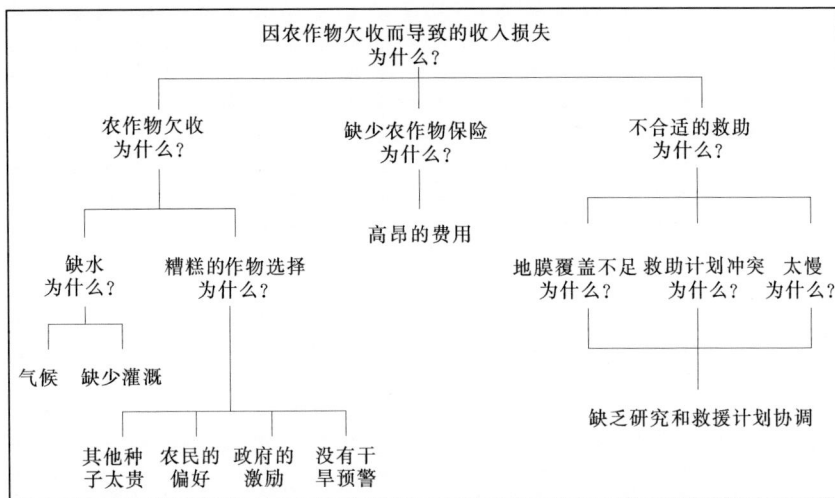

实例 1  简化的农业影响树状图

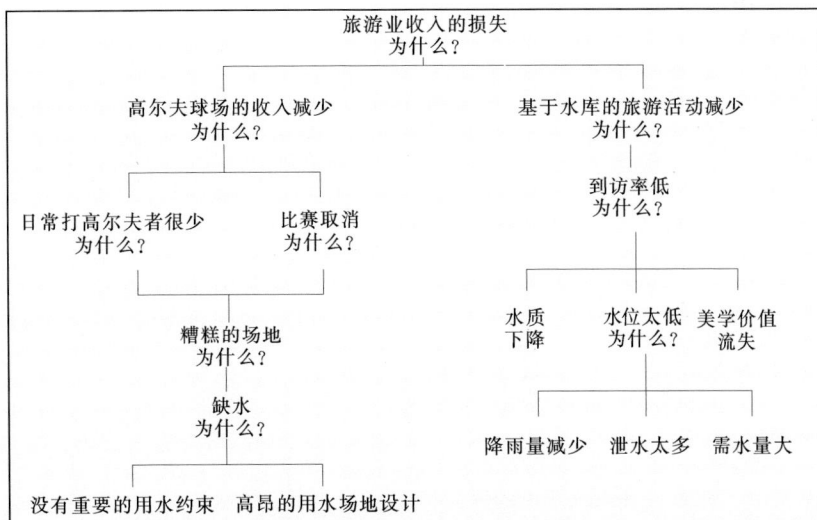

实例 2  简化的城镇影响树状图

提高社区适应力和恢复力为目标建立风险管理机制；在极端干旱的情况下，主要以贷款政策来帮助解决因干旱造成的困难。在推进干旱灾害风险管理的过程中，澳大利亚在干旱管理政策、需水管理、雨水资源化、分质供水、极端干旱准备等方面做了大量的工作。

### 3.1.2.1　干旱管理政策

1992 年，澳大利亚政府宣布了以可持续发展、农业结构调整为主旨的《国家干旱政策》。在这一政策中，规定了政府、农民等不同主体在应对干旱灾害风险中应承担的责任，要求政府建立有益于实施财产管理和风险管理措施的整体环境，通过建立一套包括激励机制、信息交换、教育培训、土地保护以及科研开发在内的体系，来鼓励农业生产者采用完善的财产管理措施，同时还要求农民自己必须承担更重要的责任。

1994 年，澳大利亚发生了有记录以来最严重的干旱灾害，《国家干旱政策》遭受了极大的考验。澳大利亚总理在视察灾情后决定只对灾区生活极端困难的人提供维持基本生活的"福利性补贴"，而不再开展更大范围的救援行动。1997 年以后，"福利性补贴"政策扩展到其他灾种，并更名为"异常情况救济金"。但 2002～2003 年的严重干旱又对这一救济金政策提出了挑战，主要问题是难以界定干旱条件下什么是"异常情况"，以及如何界定受旱区准确的地理范围。针对这些问题，除了对重灾区提供救济金外，还允许重灾区周边农场主提出申请。即使申请未被批准，仍然可以获得最多 6 个月的福利性补贴，被批准者则可得到最多 2 年的收入补贴。通过干旱灾害风险管理，澳大利亚的农场主在 2002 年成立了具有 200 亿澳元的农业风险管理基金，专门用于应对干旱灾害等。

### 3.1.2.2　需水管理

澳大利亚十分注重需水管理，采取严格的限制用水规定。以墨尔本为例，限制用水分为四个级别，各个级别有相应的限制用水规定，何时采用哪个级别的限水规定主要依据蓄水和河流流量决定。总的原则是限制户外用水，居民生活和绝大多数商业用水不受影响。被限制的用水主要包括三个方面：一是私人和公共花园浇水、运动场和街头树木浇水；二是洗车用水；三是室内游泳池用水。四个级别的具体限水规定如下：

（1）第一级限水规定：每隔 1 天上午 6～8 点和下午 8～10 点可以浇花园。

（2）第二级限水规定：一级限水规定外加不准浇草坪。

（3）第三级限水规定：每隔 2 天上午 6～8 点和下午 8～10 点可以浇花园，浇灌方式只能采取手持喷壶浇灌或管灌。

（4）第四级限水规定：禁止浇灌花园。

除四级限水规定外，墨尔本市还长期执行上午 10 点至下午 8 点不准浇灌花园的规定。

### 墨尔本市"155 计划"

墨尔本市位于澳大利亚东南沿海，年降水量 700～800mm，雅拉河（Yarra River）是城市的主要供水水源。早在 2006 年，墨尔本市城市居民人均生活用水量 400L/d。随着近些年干旱及灾害形势日趋严重，墨尔本市计划到 2020 年将城市居民生活用水量降低至 296L/d，并于 2010 年提前实现这一计划目标。之后，墨尔本市又将计划目标修改为到 2020 年城市居民人均生活用水量降至 155L/d，即"155 计划"（"Target 155"）。

墨尔本市现有人口约 300 万左右，按现在市民生活用水指标 296L/d 计，每年市民生活用水 3.2 亿 m³ 左右，"155 计划"实现后，市民年生活用水将降为 1.7 亿 m³ 左右。换言之，"155 计划"实现后，墨尔本市每年将节约水资源 1.5 亿 m³ 左右。考虑到未来人口的增长以及可能出现的干旱等，"155 计划"将发挥重要的作用。"155"计划是墨尔本市城市居民生活用水节水计划，也是应对干旱的计划。

4min 沙漏提醒
洗浴时间

政府补贴或免费为市民更换节水器具

### 3.1.2.3　雨水资源化

由于地表水资源匮乏，澳大利亚政府逐渐将雨水资源化提上日程，以应对日益严重的干旱。目前，通过房屋雨水收集系统实现雨水资源化已开始得到普及。

澳大利亚的房屋雨水收集系统主要由地表以上雨水收集系统和地下储水系统两部分组成。目前，澳大利亚对新建房屋已有明确规定，要求建房的同时，建好房屋的雨水收集系统，已建房屋改造时也要遵守这种规定，对于已有房屋提倡加装建造雨水收集系统。无论是新建、改造或是增设雨水收集系统，政府都给予相应的资金补助。房屋雨水收集系统的水资源由系统所有者支配使用，主要用于私人花园和草坪浇灌以及洗车等。当系统所有者有富余的水资源时，也常以低于市政公共自来水的价格出售给邻居使用。

### 澳大利亚房屋雨水收集系统

澳大利亚是一个典型的干旱易发国家，干旱和半干旱区面积占其国土面积 2/3 以上，年平均降水只有 420mm。长期的气候干旱，加之近年来干旱及灾害形势严峻，澳大利亚试图充分利用好每一滴水，各地积极开展包括房屋雨水收集系统在内的城市雨水利用。

房屋雨水收集系统主要包括地表雨水收集系统和地下储水系统。收集利用的具体过程是，从屋顶上收集的雨水，通过雨水管道，流经初期雨水池，然后流向每个地下储水池，再由带有压力传感器的水泵将水抽上来，供应热水系统及冲洗厕所之用。如果储水池的水太多了，溢出来的水就会流到沙滤区，对蓄水层进行补注。路径、草坪及花园的多余雨水直接流入储水池，储水池为地下含水层补水，并在干旱时为公共空间提供用水。储水池采用钢筋混凝土结构，一般都有一个进口（接收来自初期雨水池的水）、一个淤泥清理室、一个低水位监测器、一个出口（家用水口）和一根多孔管道（将多余的水输送到补注坑）。低水位监测器的作用是，当水池水位低于设定高度时，它就会激活感应器，感应器将启动水泵向水池内补水。

#### 3.1.2.4 分质供水

出于更长远的考虑，澳大利亚部分地区城市居民生活已经实现分质供水。对于还没有条件实现分质供水的地区，开始着手准备，如对城市居民用水的各种生活用水进行了分类计算，为实施分质供水提供了依据。城市居民生活用水主要包括户外用水、厨房用水、洗浴用水、洗衣用水和冲厕用水五个方面，各自所占的比例依次为 39％、12％、21％、14％ 和 14％。其中户外用水和冲厕用水完全可由中水替代，这样，城市居民生活用水仅 47％ 使用公共自来水。

#### 3.1.2.5　极端干旱准备

澳大利亚在应对极端干旱方面不仅有所考虑，而且充分体现了以人为本的理念。对于应对极端干旱的具体做法是，要求供水水源管理部门要保证储备不低于 2 倍的居民年生活用水的水量，以应对极端干旱事件的发生。

### 3.1.3　南非

南非的干旱灾害管理由来已久，其政策主要以畜牧业为中心不断调整变更。在 20 世纪 90 年代前，南非的干旱灾害管理政策都是以干旱发生后的被动响应为主。之后，得益于在长期降水预报方面的进展和新的以遥感、水分平衡、降水和作物模拟等为主的旱情判别体系的建立，逐步调整为以前瞻准备为主的干旱灾害管理。

20 世纪 30 年代大旱以后，南非开始了干旱管理政策探讨，但困难重重。对于干旱管理政策制定者而言，最难的是如何量化干旱的强度，如何确定持续时间和地理范围，以及如何确定人和环境的用水需求量。南非将季节降水量小于正常的 70％定义为干旱，且认为只有连续两季降水量都小于 70％的区域才有资格获得干旱灾害救助。干旱灾害救助申请，先由所在行政区的地方防旱委员会进行审查，再上报给南非国家防旱委员会。到 20 世纪 90 年代，南非政府发现以往的干旱灾害救助政策存在两个较为严重的缺陷：一是由于干旱及灾害评价指标不是非常合理，导致西部一些地区长期宣布处于干旱灾害状态之中，而东部某些地区却从来没有宣布处于干旱灾害状态，很难有资格获得干旱灾害救援；二是这种干旱灾害期间向从事畜牧业生产的农户提供生活救助的做法，在很大程度上，加剧了过度放牧，自然资源退化严重，缺乏可持续性。

之后，南非出台了新干旱灾害管理政策，其关键内容之一就是按牧场承载能力进行分区。他们把全国的牧场按畜牧承载力划分为 5 大区，只有那些牲畜养殖密度低于相应区域承载能力的农户才能获得干旱灾害救助。农户要求保留牲畜养殖记录，并每季度报告一次，一旦干旱警报发出以后，主动减少存栏数量的农民将得到政府补偿。这种做法是在考虑生态环境承载力的基础上，通过鼓励主动减少资源消耗的方式来维系资源的再生能力，而不再以一味补贴的方法来实行干旱灾害救助。进入 21 世纪，南非的干旱灾害管理进一步朝着干旱灾害风险管理方向调整，最突出的特点就是加大对农业旱灾保险和中长期气象预报研究的投入。

### 3.1.4　欧洲

欧洲气候温和，除南部受地中海式气候（夏干热，冬湿冷）影响外，绝大多数地区降水分配均匀。总体而言，欧洲干旱灾害管理的进展不如美国和澳大利亚等国家。尽管各个国家都有自己的气象水文监测网络，并建有一些数据共享机构，但这些都是以科学研究或者天气预报等为目标，而不是以建立完善的干旱灾害管理体系为目标。但近年来，欧洲也开始关注这一问题，提出要建立欧洲的干旱研究与减灾网络，分析各地区的干旱灾害风险，制定减灾战略计划和政策，提高公众意识，建立共享的干旱数据监测数据库，分析气候变化对干旱灾害的影响等。欧洲干旱中心（European Drought Center）就是一个针对欧洲的干旱研究中心，其宗旨是促进机构合作，增强抗灾能力。位于斯洛文尼亚的东南欧干旱管理中心（Drought Management Center for South-Eastern Europe）是一个包括 11 个东南欧国家的干旱运行中心，包括干旱监测、干旱灾害准备和干旱灾害管理等。

1991～1995 年，西班牙发生了较大的干旱灾害。当时的西班牙政府主要采用以应急为主的干旱灾害管理，仍然以工程手段为主，但除了高昂的花费外，并没有真正把问题解决好，相反还一度加深了不同地方之间以及西班牙与葡萄牙之间的用水矛盾。早在 1985 年，西班牙就已经颁发了水法，规定最主要的两条是宣布地下水为公有和计划用水是水资源管理的核心，但事实上绝大多数地下水依然掌握在私人手中，计划用水也没有真正得到很好的实施，水资源管理仍以建设更多的水坝和跨流域调水工程为主。从西班牙的干旱管理得到的启示是应加强供水管理，用水需求管理，并采用经济手段，增强公众节水意识等。

伦敦是较早实施地下水恢复工程，并以此作为重要抗旱措施的城市。伦敦从 19 世纪开始就大量开采地下水，使地下水水位从 1845 年的 -35m 下降到 1967 年的 -100m。通过实施限制地下水开采的措施，又使部分地区地下水水位开始逐渐恢复。另外，1997 年 11 月以来，实行人工地下水回灌以备干旱之需政策，对部分地区地下水水位恢复起到了重要作用。1997 年，伦敦通过 37 口井或钻孔回灌水约 109 万 $m^3$，平均每天回灌约 4 万 $m^3$。由于回灌水直接来源于水库或自然山泉，其水质不受污染，而且成本非常低。通过采取长期回灌和严格控制地下水超采措施，估计在干旱期间地下水每天至少能够提供 15 万 $m^3$ 的可用水量。地下水的恢复和维持措施不仅使得地下水成为了干旱灾害期间的一种战略物资，而且还为改善生态环境创造了良好条件。

# 3.2 国际社会干旱灾害管理的主要特点与趋势

世界上不同国家的国情不同，社会经济发展水平不同，发生干旱灾害的情势也不同，干旱灾害管理手段、内容等也不尽相同，但总的趋势都是由被动的危机管理模式向主动的风险管理模式转变。在这一转变过程中，也呈现出一些共同的特点和趋向，主要表现为更加注重干旱灾害管理法律和政策制定，注重干旱灾害监测预警技术，注重干旱灾害防御规划和准备，注重公众防灾减灾意识的提高，关注可持续发展，关注全球气候变化等。

## 3.2.1 注重干旱灾害管理法律和政策制定

面对频繁发生的干旱灾害，国际社会已经意识到从法律法规、政策方面加强干旱灾害风险管理的重要性。许多国家都致力于强化干旱灾害风险管理的法律法规制定和政策实施工作，并将减轻灾害风险战略纳入到国家和地区的发展规划目标中，促进区域发展与增强灾害风险控制能力相协调。实践证明，缺乏相关法律法规政策的支持，干旱灾害的很多管理措施、计划等都无法长期地执行，有效的法律保障是开展干旱灾害管理工作的根本。

---

### 干旱灾害风险管理政策关键点

干旱灾害风险管理政策的目标是要建立一套明确的指导原则、战略目标以及行动指南，涵盖干旱灾害预防准备、应急响应以及灾后救援的全过程。由于不同国家或地区之间的自然及社会经济条件不同，干旱灾害风险管理政策的具体内容也不尽相同，但都是基于对当地需求、公众参与、政府承诺以及资源可利用性等方面的考虑。干旱灾害风险管理政策关键点包括以下几个方面：

（1）鼓励非政府组织和公众个人参与政策、决策的制定以及行动计划的实施和监督。

（2）强调基于全面、系统的风险、能力和需求评估的干旱灾害根源分析。

（3）强调加强政府和公众监测、识别和评估干旱灾害风险的能力，包括建立以人为本的预警系统和应急方案。

（4）制定与国家可持续发展政策相适应的干旱灾害风险管理近期和远期战略目标，并确保其实施。

（5）建立干旱预警指标与适当的减灾、响应行动之间的联动关系，以达到有效管理。

（6）根据情况的变化，能够适时对政策作出适当的修正。

（7）加强政策宣传，建立各级政府、公众和社会团体等的合作和协调机制，并帮助公众获得相关的信息和技术。

（8）明确干旱灾害预防准备、应急响应等活动中责任单位、责任人及利益相关者，并进行定期检查。

（9）加强干旱灾害预防准备和管理，包括制定基于季节至年际的气候预报的干旱应急预案。

## 3.2.2 注重干旱灾害监测预警技术

随着科学技术的进步，与干旱灾害相关的信息监测与预警技术得到了快速发展，为干旱灾害管理提供了有力的技术支撑。国际社会十分重视灾害风险管理的信息共享体系建设，努力提高灾害信息共享程度，也一致认为干旱灾害监测与预警是干旱灾害风险管理的重要组成部分，是防灾减灾的关键环节。准确而快速地获取信息并及时处理、发布，对于做好干旱灾害预警、防灾减灾起着极其重要的作用。

### 北 美 干 旱 监 测

为了监测整个北美大陆的干旱及灾害情况，美国、加拿大和墨西哥于 2003 年联合启动了"北美干旱监测"项目。在此之前，三个国家均有其各自的干旱监测，但国家之间的交流和合作非常有限。由于各国的资源条件、政策目标以及监测方法等不尽相同，干旱及灾害监测评估仅局限于本国。该项目的启动，打破了国界的限制，致力于呈现整个北美大陆的干旱及灾害情况。

"北美干旱监测"项目充分吸纳了美国干旱监测的成功经验，每月以干旱监测图的方式公开发布，直观反映了北美大陆的干旱地理分布、干旱强度以及影响等。该项目的主要成员来自美国国家海洋和大气管理局（NOAA）、美国农业部、美国国家干旱减灾中心、加拿大农业部、加拿大气象局以及墨西哥国家气象局等部门。

### 印 度 干 旱 监 测

印度国家农业气象监测小组（Crop Weather Watch Group）设于印度农业部内，其主要职责是通过充分整合利用有关部门提供的信息和数据，评估判断气象及其他环境参数对农业可能产生的影响。该监测小组在雨季（6～9 月）每周一召开例会，干旱期间则增加例会频率。

#### 印度国家农业气象监测小组成员单位及职责

| 成 员 单 位 | 职 责 |
|---|---|
| 农业部部长助理 | 小组主席，负责总体组织协调 |
| 农业部经济统计顾问 | 负责汇报农业气候和市场指标 |
| 印度气象部门 | 负责预报降水和季风活动 |
| 中央水资源委员会 | 负责监测主要水库水资源可利用情况 |
| 植物保护部门 | 负责病虫害观测 |
| 作物经纪人 | 负责作物条件和产量监测 |
| 农业投入供应部门 | 负责农业投入的供与需 |
| 农业推广经纪人 | 负责汇报农田水平田间管理 |
| 电力部 | 负责抽取地下水电量管理 |
| 印度农业研究理事会 | 负责技术投入及应急计划 |
| 国家中期天气预报中心 | 负责提供中期气象预报 |

印度国家农业气象监测小组监测内容

| 参　数 | | 不同行政级别监测频率 | | | | 交流形式 |
|---|---|---|---|---|---|---|
| | | 国家级 | 省级 | 地市级 | 农田级 | |
| A. 气象 | 季风推迟时间 | W | W | D | D | 广播/传真/电话/邮件 |
| | 播种期干旱历时 | W | W | D | D | 广播/传真/电话/邮件 |
| | 关键期干旱历时 | D | D | D | D | 广播/传真/电话/邮件 |
| | 作物生长阶段 | W | W | D | D | 广播/传真/电话/邮件 |
| B. 水文 | 水库水资源可利用量 | W | W | D | D | 广播/传真/电话/邮件/文字报告 |
| | 塘坝/湖泊水资源可利用量 | F | F | F | W | 文字报告 |
| | 河川径流 | F | F | F | W | 文字报告 |
| | 地下水位 | S | S | S | S | 文字报告 |
| | 土壤水分亏缺量 | F | F | F | F | 文字报告 |
| C. 农业 | 播种期推迟 | W | W | W | W | 广播/传真/电话/邮件 |
| | 播种面积 | W | W | W | W | 广播/传真/电话/邮件 |
| | 作物长势 | F | F | F | W | 文字报告 |
| | 作物种类变化 | W | W | W | W | 广播/传真/电话/邮件 |
| | 农业投入供与需 | W | W | W | W | 广播/传真/电话 |
| 备注 | D—每天；W—每周；F—每两周；M—每月；S—每季（雨前雨后） | | | | | |

### 3.2.3 注重干旱灾害防御规划和准备

在很长时期内，全球大部分国家和地区的干旱灾害的管理都处于临时应急状态，头痛医头，脚痛医脚，缺乏系统性、连续性和全局性，做了许多重复低效工作，并造成资源浪费，严重影响了干旱灾害管理工作的可持续发展。近 20 年来，国际社会已开始意识到这种短期应急行为存在的弊端，并尝试通过制定干旱灾害防御规划和提前做好准备来改变这一状况。为了保证规划的有效性，需做好规划区域范围内的干旱灾害风险分析，尽可能降低区域孕灾环境的脆弱性，减少灾害损失。事实证明，这种防患于未然的规划和做好准备是卓有成效的，这也是干旱灾害风险管理的重要内容。

### 3.2.4 注重公众防灾减灾意识的提高

国际社会普遍认识到，提高公众的防灾减灾意识是干旱灾害管理非常重要的一个环节，是干旱灾害风险管理最有效的措施之一。减灾教育是提高灾害

**"10 步 规 划 程 序"**

在干旱灾害防御规划方面，美国也是做得比较好的。在 20 世纪 80 年代初，美国只有 3 个州制定了规划，而到 2006 年有近 40 个州制定了规划。对于尚未制定干旱灾害防御规划的国家或地区来说，美国采用的"10 步规划程序"具有很好的借鉴意义。"10 步规划程序"具体步骤如下：

（1）成立干旱防御特别工作组。需要指出的是，工作组的构成应反映干旱及其影响的多学科性。

（2）确定规划的目的和目标。目标应反映规划区域具体的自然、环境、社会经济和政治特征等。

（3）寻求利益相关者参与和解决冲突。

（4）列出资源清单和确定处于风险中的团体。

（5）制定和编写干旱灾害防御规划。包括监测、风险及影响评估、抗旱减灾三个基本组成部分。

（6）确定研究需要和协调有关组织机构。

（7）整合科学和政策。

（8）宣传干旱灾害防御规划并提高公众意识。

（9）制定教育计划。

（10）评价和修订干旱灾害防御规划。

概括而言，步骤（1）～（4）的重点是将合适的人选组织在一起，明确理解规划程序，了解规划必须完成什么任务，并且提供充足的数据，以便公平合理的决策。步骤（5）阐述为完成计划编制任务所需建立的组织框架。步骤（6）和步骤（7）详述研究的需要以及科学家和政策制定者之间的协调问题。步骤（8）和步骤（9）强调干旱发生前宣传和检验计划的重要性。步骤（10）强调修订规划保证其适用性和在干旱发生后对规划的有效性进行评价。尽管各个步骤是相继出现的，但许多任务是在干旱特别工作组及其相应的委员会和工作组的领导下同时进行的。

风险管理能力的基础，也是全民灾害风险意识养成的重要措施。发展广泛的减灾风险文化，突出减灾风险培训的作用，加强多层次的减灾风险教育，整合各种传媒渠道，加强对灾害风险管理知识的宣传和普及，使社会各界都自觉形成综合灾害风险管理意识。在一些发达国家，常有电视节目和图文并茂的材料宣传相关的法律法规、日常节水技巧以及避灾减灾措施等，对增强整个社会对干旱的适应能力、提高人们灾害自救能力以及维持灾期社会稳定等具有十分重要的作用。

## 3.2.5 关注可持续发展

国际社会普遍认为，干旱灾害管理与可持续发展密切相关，主要表现两个方面：一是降低干旱灾害风险本身就是国家或地区可持续发展中一个贯穿始终的问题，应该将降低干旱灾害风险切实地纳入到国家或地区的可持续发展政策、规划和方案中。二是抗旱减灾工作的重点不仅仅实施干旱灾害紧急救助，更注重保护生态环境和支持中、长期的恢复重建，不能延续过去先破坏后修复的模式。

## 3.2.6　关注全球气候变化

近几十年来，全球气候变化异常，气候变暖是全球气候变化的主要特征。在全球变暖的大环境下，干旱、洪涝等极端事件发生的频率增加、强度增大。气候的干旱化又为荒漠化、沙漠化的发生提供了有利条件，在人类活动干扰较强的地区，这种可能性正在转变成为现实。为此，国际社会一致关注寻找应对和缓解地球气候系统变化对人类影响的有效措施，签署了一系列公约，如《联合国气候变化框架公约》——《京都议定书》、《联合国防治荒漠化公约》、《保护臭氧层维也纳公约》等。

---

### 《联合国气候变化框架公约》

《联合国气候变化框架公约》是 1992 年 5 月 22 日联合国政府间谈判委员会就气候变化问题达成的公约，于 1992 年 6 月 4 日在巴西里约热内卢举行的联合国环境与发展大会上通过。该《公约》是世界上第一个为全面控制二氧化碳等温室气体排放，以应对全球气候变暖给人类经济和社会带来不利影响的国际公约，也是国际社会在对付全球气候变化问题上进行国际合作的一个基本框架。该《公约》确立了五个基本原则：一、"共同而区别"的原则，要求发达国家应率先采取措施，应对气候变化；二、要考虑发展中国家的具体需要和国情；三、各缔约方应当采取必要措施，预测、防止和减少引起气候变化的因素；四、尊重各缔约方的可持续发展权；五、加强国际合作，应对气候变化的措施不能成为国际贸易的壁垒。

根据《联合国气候变化框架公约》第一次缔约方大会的授权（柏林授权），缔约国经过近 3 年谈判，于 1997 年 12 月 11 日在日本东京签署了《京都议定书》，并于 2005 年 2 月生效。该《议定书》确定发达国家（工业化国家）在 2008～2012 年的减排指标，工业化国家在 1990 年排放量的基础上减排 5.2%。为了促进各国完成温室气体减排目标，该《议定书》允许采取以下四种减排方式：一、两个发达国家之间可以进行排放额度买卖的"排放权交易"，即难以完成削减任务的国家，可以花钱从超额完成任务的国家买进超出的额度；二、以"净排放量"计算温室气体排放量，即从本国实际排放量中扣除森林所吸收的二氧化碳的数量；三、可以采用绿色开发机制，促使发达国家和发展中国家共同减排温室气体；四、可以采用"集团方式"，即欧盟内部的许多国家可视为一个整体，采取有的国家削减、有的国家增加的方法，在总体上完成减排任务。

---

## 3.3　国内典型省份干旱灾害风险管理调研总结

为了解国内干旱灾害管理的具体实践情况，剖析实践中存在的主要问题，同时也为如何实施干旱灾害风险管理提供依据，对内蒙古自治区、天津市、辽宁省和安徽省进行了典型调查研究。上述地区虽然在地理、气象、水文水资源等自然条件大不相同，社会经济发展状况也存在较大差异，干旱灾害及其管理也不尽相同，但通过资料梳理和分析发现存在如下一些共性问题。

（1）干旱、缺水、干旱灾害等概念界定还不十分清晰。这些概念之间彼此联系，但也相互区别，如果不界定清楚，可能会影响有关方针、政策、对策的制定和实施。

（2）对干旱灾害风险管理概念、应用和效果等方面了解相对局限。当风险管理理念逐步渗入到社会的各行各业时，相关部门在对干旱灾害风险管理表现出较大兴趣的同时，却对其了解甚少。

（3）缺乏采取风险管理方法必备的知识、技术和资源。例如，缺乏监测数据及分析手段，模型建立和数据整合能力有限，由于中长期天气预报没有实现突破导致干旱期间水资源不能合理配置等。

（4）缺乏科学合理的抗旱规划，对非工程措施的重要性认识不足。一直以来，抗旱减灾体系建设缺乏整体规划，工程与非工程措施不匹配，抗旱减灾过度依赖工程措施，对非工程措施的重要性认识不足，导致非工程措施建设严重滞后。

（5）缺乏对需水管理的认识。实践中，普遍是"以需定供"，常常重视开源，忽视节流，很多地区的地下水都处于过度开发利用状态，掩盖了供水的实际状况，恶性循环较为严重。

（6）缺乏对极端干旱的重视和应对策略。人们普遍存在侥幸心理，认为那种持续性、连年性的极端干旱灾害不会发生，因此，包括抗旱预案在内的很多措施都只是针对短期的、一年以内的干旱灾害。

（7）缺乏对未来气候变化问题的考虑，无法迅速适应变化。由于缺乏对气候变化影响评估方法的掌握，不能对干旱灾害进行早期预警，也不能从长远的角度预测干旱，使得应急响应准备不足。

# 4 中国推行干旱灾害风险管理的
必要性与可行性分析

## 4.1 中国干旱灾害管理现状

1949 年新中国成立以来，中国政府高度重视防旱和抗旱减灾工作。目前，已经形成了自上而下的抗旱组织体系，初步建成了以蓄、引、提、调为主的工程体系，逐步开展了政策法规制定、抗旱规划及预案编制、抗旱信息化建设、抗旱服务组织建设、抗旱应急水量调度等方面的非工程体系建设，基本具备了抗御中等干旱的能力，为保障中国经济社会稳定发展和人民安居乐业作出了巨大贡献。

### 4.1.1 组织体系

中国抗旱组织机构体系是国家防汛抗旱组织体系的重要组成部分，包括国家防汛抗旱总指挥部（以下简称国家防总）、七大江河及太湖流域防汛抗旱指挥机构和各省（自治区、直辖市）、地（市）、县级防汛抗旱指挥机构及各级人民政府有关部门和解放军、武警部队等，见图 4.1。

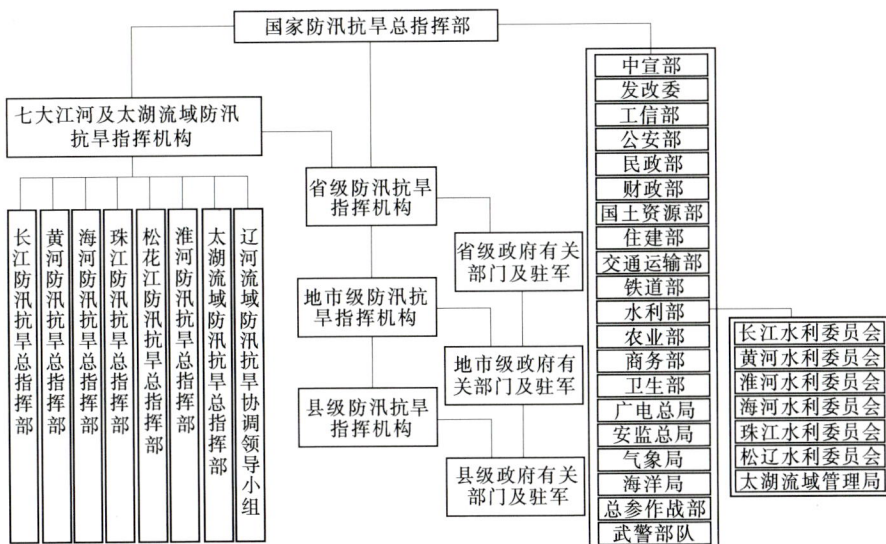

图 4.1 中国抗旱组织机构体系示意图

国务院设立国家防总，负责组织领导全国的抗旱工作，其办事机构国家防办设在水利部。国家防办的主要工作内容是：建立健全抗旱法规制度、编制抗旱规划、制订实施抗旱预案和水量调度方案、建立完善抗旱服务体系、储备管理调配抗旱物资、建立旱情监测和抗旱指挥调度系统、组织开展抗旱基础研究、推广应用抗旱新技术与新产品、全面掌握旱情信息和抗旱工作动态、及时发布干旱预警、适时启动应急响应并组织开展抗旱减灾工作。

七大江河及太湖流域设立流域防汛抗旱总指挥部，其中长江、黄河、淮河、海河、松花江、珠江、太湖流域设立防汛抗旱总指挥部，辽河流域设立防汛抗旱协调领导小组，其办事机构设在流域管理机构。流域防汛抗旱指挥机构的抗旱职责是负责指导、协调、监督所管辖范围内的抗旱工作。

有防汛抗旱任务的县级以上各级地方人民政府设立防汛抗旱指挥部，在上级防汛抗旱指挥部和同级人民政府的领导下，负责组织领导本行政区域的抗旱工作，其办事机构设在同级水行政主管部门。

水利、气象、农业、民政、卫生等部门是各级防汛抗旱指挥机构主要成员单位，也各自有其职责。

## 4.1.2 管理措施

### 4.1.2.1 工程措施

目前，中国已基本形成以蓄水工程、引水工程、提水工程、调水工程等为主的抗旱减灾工程体系。

（1）蓄水工程。蓄水工程包括水库、塘坝和水窖等。截至 2009 年年底，全国蓄水工程供水量 1761.9 亿 $m^3$，主要用于农业灌溉、工业生产、城镇及乡村生活和生态环境等；共建成水库 8.7 万余座，总库容 7063.8 亿 $m^3$，其中大型水库 544 座、中型水库 3259 座、小型水库 8.33 万座。蓄水工程的建设，在调节径流、以丰补欠、发展灌溉、抗御水旱灾害、保证农业稳产高产、保障人民生命财产安全、提供城乡用水、支撑经济发展和提高抗旱减灾能力等方面发挥了重要作用。

（2）引水工程。引水工程包括无坝引水和有坝引水。几千年来，中国各地兴修了许多引水灌溉工程，譬如周代安徽的芍陂，春秋时期关中的郑国渠，秦代四川的都江堰，黄河前套宁夏的秦渠、汉渠、唐徕渠，湖南韶山灌区、陕西宝鸡峡引渭灌区、泾惠渠灌区、洛惠渠灌区等，有些至今还在发挥重要作用。截至 2009 年年底，全国引水工程供水量 1711.1 亿 $m^3$，除了用于灌溉，也广泛地用于城乡居民生活和生产。

（3）提水工程。提水工程主要包括泵站和机电井。截至 2009 年年底，全国机电排灌泵站总装机容量达 45174MW，泵站工程供水量 762.4 亿 m³，建成机电井 529.3 万眼。这些提水工程在改善农业生产条件，建设高产稳产农田，解决城镇供水等方面发挥了显著作用。

（4）调水工程。在 20 世纪 70 年代以前，调水工程多以农业灌溉为主要目标。从 80 年代起，为缓解城市水资源短缺问题，陆续建成了一批新的调水工程，如引滦入津、引黄济津、引黄济青、引黄入晋等。目前，中国正在实施和规划中的大型调水工程，主要有南水北调、滇中调水、引额济乌、引江济淮等，这些工程的建设为水量调入区解决农业抗旱减灾灌溉、缓解城乡供水短缺、改善地区生态环境以及保证水量调入区的社会经济发展等方面发挥了重要作用。

### 4.1.2.2 非工程措施

目前，中国已初步形成了由政策法规、抗旱规划、抗旱预案、抗旱信息管理、抗旱服务组织、抗旱物资储备、抗旱应急水量调度等组成的非工程体系。

（1）政策法规制定。《水法》是中国的基本大法之一，涉及了水问题的方方面面，其侧重点是水资源的规划、开发、利用和保护，虽然未对干旱有关问题进行具体专门规定，但《水法》（2002 年）第 1、8、10、12、14、16、44、45、52 等条款都间接或直接地涉及了干旱的管理问题。2009 年 2 月 26 日颁布实施的《中华人民共和国抗旱条例》（以下简称《抗旱条例》），是中国第一部规范抗旱工作的法规，填补了抗旱立法的空白，标志着中国抗旱工作进入有法可依的新阶段。《抗旱条例》内容涵盖了从旱灾预防、抗旱减灾到灾后恢复的全过程，明确了各级人民政府、有关部门和单位在抗旱工作中的职责，建立了一系列重要的抗旱工作制度，完善了抗旱保障机制，为解决当前抗旱工作中存在的矛盾和问题提供了法律依据。

（2）抗旱规划编制。2007 年 12 月，国务院办公厅下发了《关于加强抗旱工作的通知》（国办发〔2007〕68 号），提出要加强对抗旱工作的统筹规划，明确要求各地区结合经济发展和抗旱减灾工作实际，组织编制抗旱规划，以优化、整合各类抗旱资源，提升综合抗旱能力。2008 年启动了抗旱规划编制工作，着重就未来 10 年抗旱应急备用水源工程、旱情监测预警系统、抗旱指挥调度系统、抗旱减灾管理服务体系等方面内容进行规划，目前全国和省级抗旱规划已基本编制完成。

（3）抗旱预案编制。编制抗旱预案是各级政府有计划、有准备地防御干旱灾害，减轻干旱对城乡人民生活、生产和生态环境等造成的损失和影响，增强抗旱工作主动性的一项重要举措。推行抗旱预案制度是变被动抗旱为主动抗旱的有效措施，是推动抗旱工作实现正规化、规范化、制度化的一项重要内容。中国自 2003 年起开展抗旱预案编制工作，制定了《抗旱预案编制导则》等指导性文件。截至 2008 年年底，全国已编制完成 21 个省级抗旱预案、291 个地级抗旱预案、2006 个县级抗旱预案以及 99 个地级城市抗旱预案和 229 个县级城市抗旱预案。7 大流域中已有 6 个流域机构开展了抗旱预案编制工作。这些抗旱预案的发布实施对我国有效应对干旱灾害发挥了积极的作用。

（4）抗旱信息化建设。抗旱信息化建设是水利信息化的重要组成部分，可以提高旱情信息采集、传输的时效性和自动化水平，实现抗旱科学决策和指挥调度，为干旱灾害风险管理奠定重要基础。中国各级水利部门通过多年的水利信息化建设，尤其是国家防汛抗旱指挥系统工程的建设，为抗旱信息化的建设奠定了良好的基础。主要进展如下：国家防总在 1999 年下发执行了《水旱灾害统计报表制度》（国汛〔1999〕7 号），并分别在 2004 年、2009 年和 2010 年进行了修订完善。国家防办组织开发了抗旱统计信息管理系统，基本形成了抗旱信息的统计上报制度，初步建成了抗旱会商系统；利用国家公用通信网络资源，建立了连接水利部至流域机构和省级行政区的水利信息骨干网络；基于水利信息骨干网络，建成了连接水利部至流域机构和省级行政区的异地会商系统；建立了水利部、流域机构、省（自治区、直辖市）、水情分中心四级实时水雨情数据库和水雨情信息传输的数据汇集平台；在水利部、流域机构和省级行政区实施了应用支撑平台建设。选择黑龙江、吉林、河北、安徽、重庆等 5 个省（直辖市）重点易旱地区进行了旱情信息采集试点建设，初步实施了抗旱管理应用系统建设。在国家防汛抗旱指挥系统二期工程的建设内容中，抗旱信息化建设内容也将大大丰富。各地也先后建设了墒情监测系统、旱情监测系统以及旱情信息管理系统等。

（5）抗旱服务组织和物资储备建设。抗旱服务组织是农村社会化服务体系的组成部分，是抗旱减灾的重要力量。抗旱服务组织包括省、市、县、乡四级，其业务工作受同级水行政主管部门领导和上一级抗旱服务组织的指导。目前，全国已建立县级抗旱服务队 1848 个和乡镇级抗旱服务队 10108 个，其中国家级示范抗旱服务队 508 个，从事抗旱服务的正式工作人员达 11.3 万人。目前中央和绝大多数地方政府都没有建立抗旱物资储备制度，个别地方建有抗旱物资储备仓库，但总体水平偏低。

（6）抗旱应急水量调度。抗旱水量应急调度是指为应对由于严重干旱或突发事件所造成的紧急缺水而实施的临时性应急水量调度，以缓解缺水带来的城乡生活、工农业生产和生态环境等问题。抗旱应急水量调度包含两个层面的含义：一是对干旱受灾区的现有水源通过转换用水途径、利用水库死库容、截潜流、适当超采地下水和开采深层承压水等非常规措施，增加干旱情形下的可供水量；二是将隶属于不同流域、不同省级行政区（包含省级行政区内不同区域）范围内的水资源临时从相对丰沛区调入短缺区，以缓解干旱受灾区的基本用水需求。中国已实施了多次抗旱应急水量调度，如先后 11 次实施引黄济津应急调水，用以缓解天津市的用水危机；为抵御咸潮危害、全力保障珠海澳门供水，先后 7 次对珠江水量进行统一调度；为缓解区域生态危机，先后实施了引岳济淀生态调水、引黄济淀生态调水、扎龙湿地生态补水、引察济向生态应急补水和南四湖生态应急补水等。此外，在 2009 年，为了应对长江中下游地区可能出现的更为不利的枯水局面，保障沿江及洞庭湖、鄱阳湖区域生活、生产和生态等用水需求，国家防总和水利部进一步加强三峡水库调度，并首次对长江上游大型水利水电工程实施枯水期水量统一调度。

## 4.2 中国推行干旱灾害风险管理的必要性分析

### 4.2.1 保障国家粮食安全的迫切要求

粮食是人类赖以生存的基本消费物资，是具有战略意义的商品。粮食安全问题既是经济问题也是社会问题，是国家安全战略的重要组成部分，是社会稳定的基础和保障。中国是农业大国，也是世界上自然灾害较多的国家，其中，干旱灾害对中国农业生产危害最大。据 1950～2010 年统计资料分析，全国农作物多年平均因旱受灾面积 2160 万 $hm^2$，其中多年平均成灾面积 960 万 $hm^2$，多年平均因旱损失粮食 1611.7 万 t。在上述 61 年中，全国农作物因旱年受灾面积超过 3000 万 $hm^2$ 的有 13 年，其中 1978 年、2000 年超过 4000 万 $hm^2$；年成灾面积超过 1500 万 $hm^2$ 的共有 12 年，其中 1997 年、2000 年和 2001 年超过 2000 万 $hm^2$；因旱粮食损失超过 3000 万 t 的共有 10 年，其中 1997 年、2000 年、2001 年和 2006 年超过 4000 万 t。特别是 2000 年，全国作物因旱受灾面积高达 4050 万 $hm^2$，占当年播种面积的 25.9%，接近多年平均受灾面积的 2 倍；成灾面积 2680 万 $hm^2$，占因旱受灾面积的比例高达 66.1%，接近多年平均成灾面积的 3 倍；因旱粮食损失接近 5996 万 t，约为多年平均因旱粮食损失的 4 倍，占到当年粮食总产的 13%。

值得注意的是，据有关部门的分析预测，受全球气候变化加剧影响，未来可能导致干旱灾害的影响范围进一步扩大，发生频次增加，严重威胁中国粮食安全。因此，为了保障国家粮食安全，亟需开展相关研究，建设抗旱减灾体系，提高抗旱减灾能力，如开展农业干旱灾害风险分析和评估，进行农业干旱灾害风险区划，加强旱情监测预警建设，增强各类水利工程调控能力，促进农业节水技术的推广应用等，全面推行干旱灾害风险管理。

### 4.2.2 保障国家水安全的迫切要求

水是基础性自然资源和战略性经济资源，人类因水而生存，社会因水而发展。中国水资源总量居世界第六位，但人均占有量仅约 2100m³，不足世界人均水平的 30%；水资源时空分布极不均衡，南多北少，东多西少。20 世纪以来，中国北方地区和沿海城市开始出现水资源短缺问题，而且日趋严重。在水资源总量有限的情况下，这些地区遭遇干旱时会进一步加剧水资源的短缺形势。据 1991～2010 年统计数据，全国平均每年有 2770 多万农村人口和 2150 多万头大牲畜因旱发生饮水困难，尤其是 2001 年、2006 年和 2010 年，全国农村因旱饮水困难人口都超过了 3200 万。近些年，北方部分地区的连年干旱也使一些城市供水出现了短缺问题，造成的影响和损失十分严重。如：2000 年大旱，全国有 18 个省（自治区、直辖市）620 座城镇（包括县城）缺水，影响人口 2600 多万人，直接经济损失 470 亿元，天津、烟台、威海、大连等城市出现供水危机，居民正常生活受到严重影响；2006 年川渝地区发生特大干旱，2007 年 3 月嘉陵江水位严重偏低，导致重庆市部分城区供水告急，使 120 万城市居民生活用水受到严重影响。

随着人口增加，人均占有水资源量将进一步减少，由于经济社会的发展、人民生活水平的提高，对水量、水质、供水保证率的要求越来越高，水安全保障面临严峻挑战。为了保障国家水安全，最大限度地减轻干旱事件发生产生的影响，需要加强应急水源工程建设，强化公众节水意识，推行干旱灾害风险管理。

### 4.2.3 保障国家生态安全的迫切要求

随着经济社会快速发展和城乡居民生活水平不断提高，用水需求大幅增加，导致我国许多地区水资源供需矛盾日益突出，为了满足生产、生活用水，常常挤占生态环境用水，特别是干旱期间尤为明显。干旱对生态环境的影响是多方面的，如造成河道断流、湖泊萎缩、地下漏斗扩大、湿地面积减小、生物多样性减少、土壤沙化、植被退化等。据统计，中国土地沙化速度已由 20 世纪 70 年代的年均 1560km² 发展到 90 年代末期的 3436km²；以城市和农村井灌区为中心形成的地下水超采区由 20 世纪 80 年代初的 56 个发展到目前的 164 个，超采面积从 8.7 万 km² 扩展到 18 万 km²。20 世纪 90 年代，黄河下游几乎年年断流，黄河三角洲生态系统遭到严重破坏，湿地萎缩近一半，鱼类减少 40%，鸟类减少 30%。2002 年，南四湖地区发生 1949 年以来最为严重的特大干旱，湖区基本干涸，湖区 70 多种鱼类、200 多种浮游生物种群濒临灭亡，湖内自然生态遭受毁灭性破坏。20 世纪 80 年代以来，"华北明珠"白洋淀也多次发生干淀现象。

生态干旱灾害影响一旦形成，通常不可逆转。因此，为了保障国家生态安全，亟需加强生态系统干旱风险评价及生态旱情预警研究，重视生态环境保护，走可持续发展之路，推行干旱灾害风险管理。

### 4.2.4 贯彻落实"两个转变"的要求

在中国几千年的历史进程中，干旱灾害对农业影响最大。长期以来，抗旱工作的重点都是农村和农业，目标是保障农业丰收和农村经济发展。而改革开放以来，随着人口增加、经济社会发展，干旱灾害对工业、城市和生态环境的影响也逐渐凸显，再沿用过去单一的农业抗旱理念，已经远远不能解决抗旱工作中面临的新情况、新问题。此外，由于抗旱手段比较单一，以工程措施和行政手段为主，也导致了一些不容忽视的问题，譬如重工程轻非工程、重建设轻管理、重行政轻法律等，这在很大程度上又制约了抗旱效益的更好发挥。为此，2003 年国家防总提出了防汛抗旱"两个转变"的防灾减灾战略，即由控制洪水向洪水管理转变，由单一抗旱向全面抗旱转变。所谓从单一抗旱向全面抗旱转变，是指根据经济社会发展需求，扩大抗旱工作的领域和内容，从主要为农业和农村经济服务转向为包括农业、城市、生态在内的整个经济社会发展服务，从注重农业效益转变为注重社会、经济和生态效益的统一，从被动抗旱转变为主动防旱，最大限度地减轻干旱灾害对整个经济社会以及生态环境造成的损失和影响，这是中国干旱灾害管理的新思路、新战略，也是与灾害风险管理理念不谋而合的。自"两个转变"推行以来，取得了显著成效，但与干旱灾害风险管理的要求还有一定差距，因此有必要继续推进"两个转变"战略，推进干旱灾害的风险管理。

### 4.2.5 贯彻落实《抗旱条例》的要求

《抗旱条例》的颁布实施，是在我国干旱缺水问题越来越突出、抗旱减灾工作任务越来越艰巨的大环境下，推进依法抗旱、有序抗旱的必然选择。《抗旱条例》的核心内容包括"旱灾预防"、"抗旱减灾"、"灾后恢复"三个部分，贯穿了整个干旱灾害的全过程。在"旱灾预防"中，对抗旱规划、抗旱预案、抗旱物质储备、应急水源储备、旱情监测网络、节约用水等预防措施进行了规定。在"抗旱减灾"中，对抗旱预案启动、抗旱应急服务、应急水量调度、旱情灾情信息统计及发布等进行了规定。在"灾后恢复"中，对灾后恢复生产、工程修复、灾情评估、抗旱经费使用以及开展旱灾保险等进行了规定。而这些内容涵盖了干旱灾害风险管理的灾前预防、灾中处置和灾后恢复三个环节的主要方面，因此，贯彻落实《抗旱条例》，就是推行干旱灾害风险管理。

### 4.2.6 应对全球气候变化的要求

根据政府间气候变化专门委员会（IPCC）《第四次评估报告》，全球气候正在不断变暖，干旱等极端事件发生频率增加。近百年中国气候也在变暖，气温升高了 0.4～0.5℃，尤其是北方地区冬季增温明显；部分流域降水和水资源的转换规律发生变化，尤其是黄、淮、海、辽 4 个流域，近 20 年降水减少了 6％，地表径流减少了 17％，其中海河流域降水减少 10％、地表水资源减少 41％，水资源供需矛盾进一步加剧，干旱灾害发生几率显著增加。据研究预测，中国气候还将进一步变暖，到 2030 年，全国平均气温将上升 1.5～2.8℃，到 2050 年将上升 2.3～3.3℃，到 2100 年上升 3.9～6.0℃。据估计，未来 50～100 年，中国北方部分省份年平均径流深将减少 2％～10％；预计2050 年西部冰川面积将减少 27.2％，高山地区冰储量将大幅度减少，冰川融水对河川径流的季节调节能力也将大大降低。气候变化通过海平面上升、大气环流变化、蒸发增加、冰雪条件变化等引起降雨、蒸发、入渗、河川径流等一系列变化，从而改变整个水文循环过程，增加水旱灾害发生频次，进一步影响到农业、牧业、渔业、航运、水力发电等多个部门。

在这种全球气候变化的大背景下，中国抗旱减灾面临的形势越来越严峻，任务越来越艰巨，因此，亟需实施干旱灾害风险管理，减轻由气候变化引起的干旱极端事件的影响。

## 4.3 中国推行干旱灾害风险管理的可行性分析

### 4.3.1 实施"两个转变"战略已取得初步成效

自 2003 年国家防总提出"两个转变"以来，中国各级防汛抗旱指挥机构积极实践，逐步健全抗旱组织体系，落实抗旱责任制；颁布实施了《抗旱条例》、《安徽省抗旱条例》、《浙江省防汛防台抗旱条例》、《云南省抗旱条例》、《重庆市防汛抗旱条例》、《天津市防汛抗旱条例》等国家和地方法规；建立了旱情统计和报告制度、旱情会商制度、旱情发布制度、抗旱总结制度、水量统一调度制度等抗旱管理制度体系；初步形成了抗旱预案体系；逐步建立了抗旱规划体系；完善了"蓄、引、提、调"等抗旱工程体系建设；同时还加强了旱情监测预警系统、抗旱服务组织和抗旱物资储备等方面建设。农业抗旱、城市抗旱和生态抗旱统筹协调发展，有效地保障了中国的粮食安全，城乡居民饮水安全和生态环境安全。"两个转变"战略实施取得的初步成效，为中国干旱灾害管理向风险管理转变奠定了良好的基础。

## 4.3.2 综合国力增强奠定风险管理的经济基础

改革开放以来，中国经济社会保持了平稳较快发展，特别是"十一五"时期，中国有效应对国际金融危机的巨大冲击，战胜了汶川地震等重大自然灾害，成功举办了北京奥运会和上海世博会，胜利完成了"十一五"规划确定的主要目标和任务，经济社会发展取得新的巨大成就，经济增长方式不断转变，综合国力显著增强。

国民经济保持平稳较快增长，综合国力大幅提升。"十一五"期间，中国GDP年均实际增长11.2%，2010年GDP达到397983亿元，居世界的位次由2005年的第四位上升到第二位；人均GDP达到29748元，比2005年增长65.7%，年均实际增长10.6%；财政收入超过8万亿元，比2005年增长1.6倍，年均增长21.3%；外汇储备已达到28473亿美元，连续五年稳居世界第一位。

经济结构调整取得新进展，经济发展的协调性增强。"十一五"期间，内需拉动作用显著增强，2010年国内需求对经济增长的贡献率为92.1%，比2005年提高了15.2个百分点；产业结构持续改善，服务业发展加快，比重提高，2010年第三产业占GDP的比重为43.0%，比2005年提高2.5个百分点，而第二产业占GDP的比重则由2005年的47.4%下降到2010年的46.8%，第一产业的比重由12.1%下降到10.2%；城镇化水平显著提升，2009年中国城镇人口占总人口的比重为46.6%，比2005年提高3.6个百分点，年均提高0.9个百分点，中西部地区城镇化步伐明显加快；区域发展的协调性增强，2010年东部地区GDP占全国的比重为53.0%，比2005年下降2.5个百分点，中部地区、西部地区GDP占全国的比重分别为19.7%、18.7%，分别比2005年提高0.9个百分点和1.6个百分点，东北地区基本持平。

近十多年来，中国还通过西部大开发、振兴东北老工业基地、促进中部地区崛起、促进西藏和四省藏区、新疆等民族地区跨越式发展等多项战略性举措，促进区域协调发展；通过加大扶贫开发力度、解决农村饮水安全问题、社会主义新农村建设等使中国广大农村发展进入了一个崭新的时代。

总之，中国综合国力的增强，为加大对抗旱减灾工作的资金投入创造了有利条件，也可为推行干旱灾害的风险管理提供坚实物质保障和社会基础。

### 4.3.3 科技进步可为抗旱减灾提供技术支撑

"十一五"期间，随着中国经济社会稳定持续发展，各项科技计划顺利实施，基础研究得到加强，高技术产业快速发展，科技投入持续增加，科技实力不断增强，防灾减灾科技水平不断提高，在灾害机理研究、预警预报技术、干旱灾害应对与防范等方面实施了一批防灾减灾重大科技项目。如农业育种技术培育了耐旱新作物，农业灌溉技术提高了用水效率，新材料和生物技术提供了保墒防渗措施，3S技术提高了旱情监测和分析水平等。同时，国际科技合作的快速发展，也为中国利用国外先进的抗旱减灾技术创造了良好的条件。通过正在建设的亚太区域干旱防灾系统和全球干旱防灾网络（Global Drought Preparedness Network，GDPN）等平台可以获得有关干旱管理的技术、经验，也促进与其他国家在早期预警、自动测报、干旱指标评价体系、干旱影响评估方法等方面进行交流。由于科学技术进步和在防灾减灾方面的开发利用，以及参与相关的国际科学技术交流与合作，为中国更好地认识和掌握干旱灾害发生发展规律、更及时准确地预报旱情发展趋势、采取有效的防旱抗旱措施提供了科学技术基础，也使中国具备了实施干旱风险管理的科技支撑条件。

### 4.3.4 国内外现有的风险管理经验可供参考

现有的其他自然灾害风险管理和国外的干旱风险管理经验可以为中国干旱风险管理提供参考借鉴。

自然灾害，尤其是洪水灾害的风险管理开展较早，欧美等许多发达国家在上世纪80年代就有许多研究成果问世，中国的洪水灾害风险管理研究在上世纪末也开始起步。至今国内外已积累了大量的关于洪水预报监测、灾害风险评价、风险管理战略等方面的研究成果和实践经验，对推行干旱灾害风险管理具有重要的参考价值。

另外，国际社会也为干旱灾害风险管理开辟了道路。澳大利亚、美国、南非及欧洲许多国家制定了一系列干旱灾害管理政策，发展了现代化的旱情监测和预警体系，对中国干旱灾害风险管理的推行也具有很大的借鉴作用。

# 5 中国干旱灾害风险分析

经过几十年的努力，中国的干旱灾害管理取得了很大的进步，初步形成了抗旱减灾工程和非工程体系，但与经济社会发展要求还有一定差距，亟需全面推行干旱灾害风险管理。本节将从致灾因子危险性、承灾体暴露性和孕灾环境脆弱性等 3 个方面进行较为系统、全面、客观的干旱灾害风险分析，为提出中国干旱灾害风险管理战略框架提供依据。

## 5.1 危险性分析

危险性分析是研究受干旱威胁地区可能遭受干旱影响的强度和概率。一般而言，气象干旱强度越大，频次越高，即干旱灾害危险性越大，灾害风险也越大。气象干旱是由天然降水异常引起的水分短缺现象，是大气环流和主要天气系统持续异常的直接反映，与季风的强弱、来临和撤退的迟早以及季风期内季风中断时间的长短有直接关系。一般来说，中国各地年降水量平均变率多数在 10%～30% 之间，多年平均年降水量大的地区，降水的年际变率较小；反之，降水量小的地区，年际变率较大。云南南部年降水量平均变率最小，不到 10%；长江以南和川西、藏东地区年降水量平均变率较小，在 10%～15% 之间；东南沿海和海南等地因受台风影响，降水变率上升到 15%～20%；北方地区年降水变率一般比南方大得多，都在 15%～30% 之间；而西北地区年降水量变率最大，普遍在 30%～50% 之间，并且，月降水量变率比年降水量变率还要大得多。从降水变率的角度看，北方地区尤其是西北地区干旱灾害的危险性相对较大，东南沿海地区次之，长江以南地区最小。需要指出的是，在全球气候变化的背景下，洪水、干旱等极端事件可能发生更加频繁，降水的空间分布随机性也可能更加明显。

## 5.2 暴露性分析

暴露性分析是研究受干旱威胁地区承灾体的种类、范围、数量、密度、价值等。一般而言，一个地区暴露的价值密度越高、人口越多，灾害风险也越大。

"洪水一条线，干旱一大片"，当发生较严重干旱时，往往波及范围较广。中国几乎所有的地区都暴露在干旱威胁之中，只是不同地区承灾体的种类不同、受威胁的程度不同。就承灾体种类而言，涉及农村、城市和生态，其中，农村主要包括农牧民生活、种植业、畜牧业、林业、渔业等，其可能的影响主要表现为人畜饮水困难、土地生产力下降、作物播种期延误、病虫害蔓延、作物减产、牧草生长差、牲畜缺水缺料、草场载畜量降低、牲畜掉膘死亡、森林火灾多发、木材产量下降、渔业产量减少等；城市主要包括居民生活、工业生产和服务行业等方面，其可能产生的影响表现为限时限量供水、企业缺水停工停产、工业原料缺乏、服务业用水受到限制等；生态主要包括水、土地和生物资源等方面，其可能产生的影响主要表现为河流断流、湖泊萎缩、地下水位下降、水环境恶化、土壤沙化盐碱化、地表植被破坏、水土流失加剧、生物多样性减少等。

## 5.3 脆弱性分析

脆弱性分析是干旱灾害风险分析的重点，主要从自然环境与社会经济环境两方面考虑，分析受干旱威胁地区抵抗干旱灾害的能力。干旱灾害脆弱性的高低具有"放大"或"缩小"灾情的作用，同时能客观反映对干旱灾害应对、缓冲和恢复能力的差异。一般而言，孕灾环境的脆弱性越高，灾害风险就越大。

### 5.3.1 地形地貌限制

中国地势西高东低，呈三级阶梯状分布。地貌类型复杂多样，总体上以山地为主，平地较少。高山、高原以及大型内陆盆地主要分布于西部地区，丘陵、平原以及较低的山地多位于东部地区，包括山地、高原和丘陵在内的山丘区面积约占国土面积的 2/3。沙漠、戈壁、冰川、永久积雪、寒漠、盐壳、石质裸露地等难利用土地占国土面积的 19%。土壤植被类型复杂多样，既存在地区间横向空间上的差异，也存在各地区垂向空间上的分布差异，分布于内蒙古、陕西、宁夏南部、甘肃、新疆、青海等地区的荒漠土、高山草甸土、高山漠土等类型土壤存在发育程度差、沙化现象严重、土层薄、通气不畅、有机质含量低、涵养水源能力差等缺点。受地貌类型复杂、山区面积大、一些地区土壤保墒能力较差等"先天性干旱灾害脆弱"因素的限制，导致很多地区有水蓄不上、有水用不了，一旦发生干旱，将可能面临干旱灾害威胁。

### 5.3.2 天然降水限制

中国地处亚欧大陆东部、太平洋西侧，正处于海洋和大陆气流场的交互作用带，成为世界上季风气候最为显著的国家之一，年降水量呈现由东南沿海向西北内陆递减的分布特征。大部分地区降水年内分配很不均匀，降水集中程度较高，南方地区 55％的降水量出现在 5～8 月，北方地区 70％的降水量出现在 6～9 月，其中华北、东北、西北内陆河的局部地区可达 80％以上。同时，中国的降水量年际变化十分显著，年际间最大和最小年降水量南方地区一般相差 2～4 倍，北方地区一般相差 3～6 倍，西北地区可超过 10 倍。受天然降水时空分布不均影响，加之全球气候变化加剧，常常导致一些地区水多为患，另一些地区却水少为忧，一旦发生干旱，水少地区将更加脆弱。

### 5.3.3　水土资源限制

我国水资源总量较为丰富，但各地区之间水资源丰富程度差别较大，南北方之间、上下游之间水资源分布同人口、耕地分布极不匹配。南方国土面积占全国的 36％，耕地占 40％，水资源总量占全国的 81％，人均水资源量约 3300m³，属土地资源少而水资源相对丰富的地区；北方地区国土面积占全国的 64％，耕地占 60％，但水资源总量仅占全国的 19％，人均水资源占有量为 900m³，属于土地资源多而水资源贫乏的地区。其中，黄河、淮河、海河三大流域，耕地占全国的 36.5％，人口占 35％，水资源总量仅占全国的 7.5％，是我国水资源供需矛盾最为尖锐的地区。另外，由于大多数江河由西向东流，水量大多来自上中游地区，而人口和经济社会发展对水资源的需求主要集中在中东部地区，加之大江大河之间一般有高山分水岭阻隔、水系沟通困难，水资源分布与经济社会发展格局不相匹配。南北方、上下游之间水土资源不相匹配，加之水资源年际变化显著和年内高度集中导致的天然来水过程与需水过程不相匹配，使得区域水资源供需矛盾尖锐，干旱灾害脆弱性加剧。

### 5.3.4　经济社会水平限制

经济社会发展水平高低对干旱灾害脆弱性影响十分显著，主要体现在地区经济发展水平、产业结构与布局情况、人口城镇化率、人口密度、人口素质和生活水平等方面。中国是发展中的人口大国，而且人口老龄化在加速发展，人口城镇化率 47.5％属相对较低水平，人口密度是世界平均水平的 4 倍。中国疆土辽阔，由于各区域的自然地理条件差异较大，以及其他因素的影响，各地区的经济社会发展水平极不平衡，东、中、西部地区和东北地区的经济基础发展水平、人口城镇化和人均收入水平有较大的不同，各地区的综合经济实力更是存在较大的差距。经济社会发展水平较低的地区，缺少持续稳定的投入，抗旱减灾能力相对偏弱，这在很大程度上增加了干旱灾害的脆弱性。

### 5.3.5 认识观念水平限制

干旱灾害是一种缓慢发展的自然灾害，通常不会对人类社会造成直接的人员伤亡或建筑设施的毁坏，加之有关干旱的宣传和教育培训相对缺乏，因此，人们对防旱和抗旱的意识不强、认识不足，抗旱减灾意识较为淡薄，缺乏抗大旱、抗长旱的充分准备，抗旱减灾能力明显偏低。此外，由于人们对干旱灾害的认识存在误区，造成干旱灾害的科学研究以及有关干旱灾害的专业技术人员和管理人员培养均相对滞后，这在一定程度上影响了抗旱减灾的效果，也加剧了干旱灾害的脆弱性。

### 5.3.6 管理体制机制限制

目前各级防汛抗旱指挥机构的实际职能还主要定位于应急抗旱，虽然有多个行业或部门作为其成员单位，但通常是在干旱灾害发生之后才能够发挥其协调指挥的作用。此外，各级防汛抗旱指挥机构的办事机构设在水利部门，其他成员单位并没有实质参与国家防办的日常管理工作，各级防汛抗旱指挥机构难于真正组织协调各部门进行系统全面的灾前准备，无法真正实现行业间信息共享，难以全面协调水资源、农业、环境、生态和经济的可持续问题，这都制约了干旱管理工作水平的提高，也加剧了干旱灾害的脆弱性。

### 5.3.7 应急抗旱能力限制

目前，中国已基本形成以"蓄、引、提、调"等为主的抗旱减灾工程体系，但总体上基础设施建设还是滞后于经济社会发展的需要。中国大部分地区的用水需要对河流的天然来水过程进行调节后才能满足其用水量和用水过程的需要，但目前蓄水工程对天然径流的调蓄能力还较低，蓄水工程的供水能力仅占总供水能力的32%，而其中中小型水库和塘坝工程的供水能力占到了68%，这些工程往往由于调蓄能力小、控制程度低，其供水保障程度相对不高。目前，全国有效灌溉面积为8.3亿亩，不到总耕地面积18.5亿亩的一半，其中1/3以上是中低产田，大部分耕地粮食产量低而不稳。现有的水利工程大部分修建于20世纪70年代以前，设计标准偏低，建设质量较差，工程设施老化失修严重，抗旱效益衰减。

目前，中国已经建成、正在建设或规划建设了雨情、水情、墒情、农情、遥感等各类与旱情相关的监测站点，但从多年的抗旱实际工作中看，旱情信息在信息源广度、监测手段、信息分析处理和预测方面都相当薄弱，旱情监测系统建设严重滞后。尤其土壤墒情信息采集基础差、站点布设不足，自动化程度低；旱情信息的查询分析处理系统、旱情实时综合分析与预测系统以及相关的数据库系统等尚未建立，难以对旱情发展趋势进行及时科学的分析、预测及预警，抗旱工作总体上还处于被动局面。

中央和绝大多数地方政府尚未建立抗旱物资储备制度，导致每到抗旱关键时期，重旱区经常发生抗旱设备价格上涨或脱销，抗旱用油、用电紧缺和价格偏高的情况，增加了农民抗旱负担，在很大程度上影响了农民抗旱的积极性。近些年来，城市抗旱备用水源体系正在逐步建立，但还有相当一部分城市供水体系脆弱，供水量不足，供水保证率低，缺乏必要的抗旱应急备用水源，经常处于干旱缺水的威胁之中。

部分地区的抗旱应急预案及响应机制仍不够健全和完善，响应程序难以执行，响应措施、任务不明确，抗旱救灾工作很难高效有序进行。此外，由于政策和资金的缺乏，抗旱服务组织的发展现状与抗旱减灾的需求还有很大差距，抗旱服务实力不强，抗旱服务网络体系不健全，资金缺乏、设备老化、经营管理经验欠缺；部分服务队伍甚至难以生存和发展。应急抗旱响应能力低，应急队伍不健全，都在一定程度上限制了抗旱工作的有序有效进行。

由于基础设施建设仍然滞后、旱情监测预警能力远远不足、缺乏必要的抗旱物资储备和抗旱应急备用水源、应急响应能力及服务能力不足等限制了应急抗旱能力的发挥，加剧了干旱灾害脆弱性。

### 5.3.8 抗旱保障能力限制

由于各地情况不同、工作进展不一，部分地区基层抗旱组织体系不完善，责任不明确。长期以来，由于缺乏相关的法律法规支撑，各级政府主要依靠行政手段开展抗旱工作，管理不规范、手段不完备、措施不全面，存在很多体制、机制上的问题，国家层面除《抗旱条例》外，还缺少抗旱方面相关的法律法规，地方层面也只有少数省、市出台了条例或管理办法。部分地区还缺少长效投入机制，用于救灾的资金远远大于基础建设投资，水源工程老化失修严重，抗旱直补优惠有限等。另外，资金筹集途径和形式单一，监督管理体制不完善，不能实现抗旱资金的高效利用。目前，中国仍缺少系统全面的抗旱减灾基础理论和实用技术研究。抗旱减灾新工艺、新技术、新设备普及推广力度不够，效果不佳。缺乏抗旱减灾国际交流与合作，无法吸收和借鉴国际先进经验和技术。组织体系的不健全、相关政策法规的缺失、资金投入缺乏保障、科技支撑能力不足等限制了抗旱保障能力的发挥，进一步加剧了干旱灾害的脆弱性。

中国干旱灾害风险分析见图5.1。

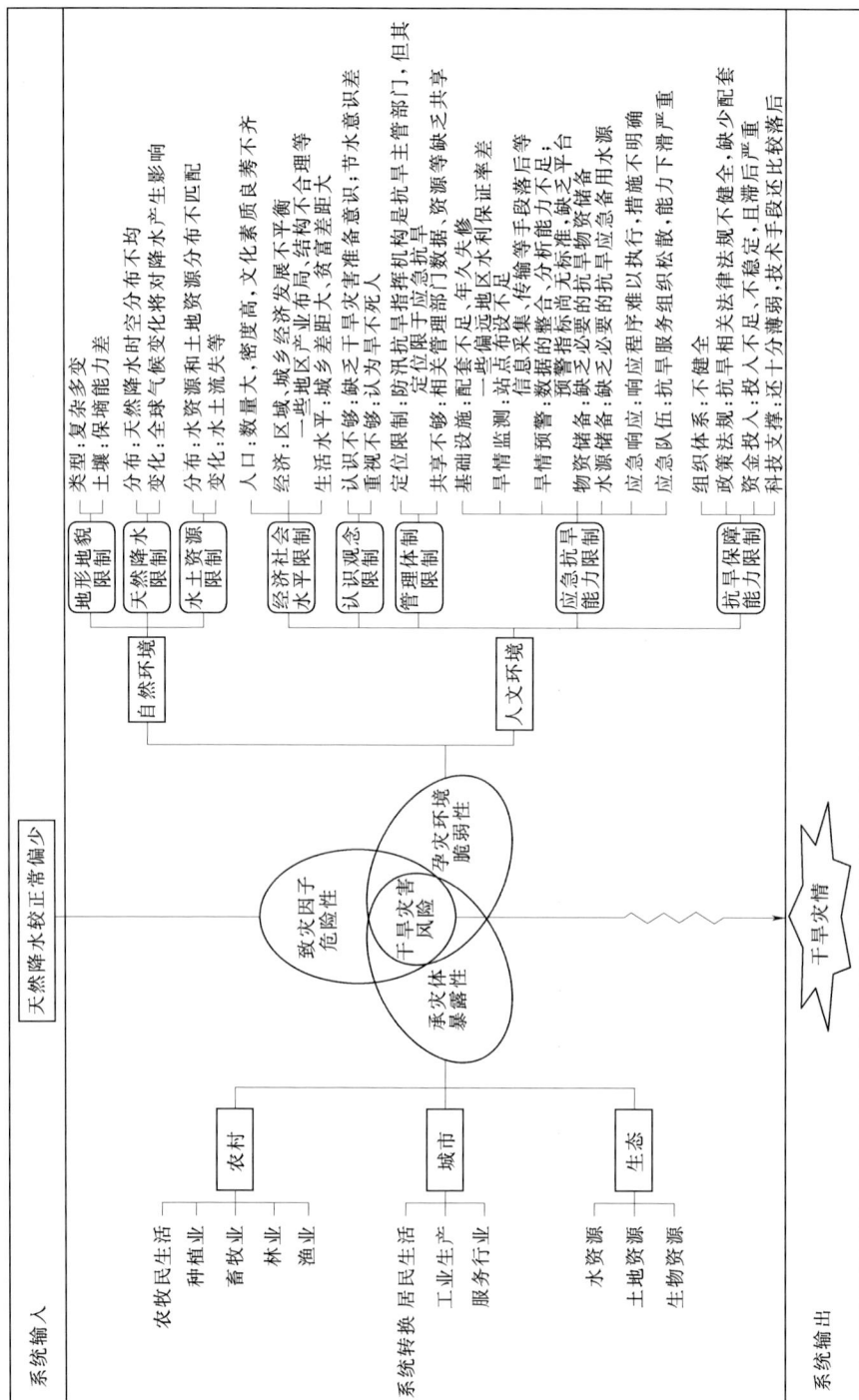

图 5.1 中国干旱灾害风险分析

40

# **6** 中国干旱灾害风险管理战略框架

## 6.1　战略框架的指导思想、基本原则和战略目标

### 6.1.1　指导思想

依据《抗旱条例》和 2011 年中央一号文件《关于加快水利改革发展的决定》（中发［2011］1 号）提出的要求，按照以人为本、预防为主、防抗结合和因地制宜、统筹兼顾、局部利益服从全局利益的原则，把深化抗旱体制机制改革、推行干旱灾害风险管理模式、加强应急能力建设、加快提高科学抗旱支撑能力作为近期重点，做好干旱灾害预防各项工作，着力减轻干旱灾害造成的损失，促进经济社会全面、协调、可持续发展。

### 6.1.2　基本原则

以防为主，防抗结合。坚持工程与非工程措施并重，在充分挖掘现有水利工程抗旱潜力的同时，兴建完善的"蓄、引、提、调"等抗旱工程体系，着力加强旱情监测预警系统、抗旱管理体系和抗旱服务体系建设，提升防灾减灾能力，降低干旱灾害风险。

统筹兼顾，突出重点。从战略高度统筹规划和推进抗旱减灾各项建设任务，注重干旱灾害风险管理与应急管理相结合，标本兼治，着力在干旱灾害风险较大的地区或行业加强抗旱应急能力建设，优先解决抗旱减灾领域的关键问题和突出问题。

以人为本，科学减灾。关注民生，重点保障城乡居民饮水安全，解决受旱地区群众的基本生活用水。积极推进干旱信息监测、旱情预警、风险评估等工作，科学编制规划和抗旱预案，全面提高抗旱减灾科学技术支撑水平。

政府主导，社会参与。坚持各级政府在抗旱减灾工作中的主导作用，加强各部门之间的协同配合。组织动员社会各界力量参与抗旱减灾工作，顺应自然规律，主动调整产业布局和种植结构，减少干旱灾害损失。

### 6.1.3 战略目标

#### 6.1.3.1 总体目标

经过 20 年左右时间，通过推进干旱灾害风险管理模式，实现行政、法律、经济、工程、科技、管理等干旱手段的有机整合，在中国建成较为健全的抗旱组织管理体系、抗旱工程体系、抗旱法制体系、抗旱管理体系和社会化抗旱服务体系，全民抗旱减灾意识普遍加强，国家总体抗旱减灾能力大幅度提高，被动抗旱的局面得到彻底扭转。

#### 6.1.3.2 具体目标

建成较为完善的农村抗旱减灾体系，使一般干旱缺水不成灾。遇到较严重干旱缺水情况时，通过工程措施与非工程措施的联合运用，重点保证农村人畜饮水安全，在可能的条件下，为口粮田生产、粮食主产区生产和高效经济作物的生产提供关键用水，尽可能减少干旱造成的农业损失。

通过兴建必要的水利工程，建设节水型社会、建立水资源战略储备和制定应急供水预案等综合抗旱减灾措施，在遭受一般干旱的情况下，能为城市生产和生活提供比较稳定的供水，保障经济社会快速、持续、健康发展。在发生严重干旱缺水的情况下，通过动用备用水源和采取水资源优化调度等应急措施，保证城市生活、重要行业和重要设施的基本用水需求，尽可能降低干旱造成的影响。

高度重视生态环境用水要求，确保河流、湖泊、湿地的生态径流，促进流域水环境的改善。在遭受特大干旱的情况下，适时组织跨地区、跨流域应急调水，以保证河流、湖泊、湿地生态系统不会遭受毁灭性破坏，缓解水污染严重地区的水环境状况，维护河流健康生命。

## 6.2 战略框架

### 6.2.1 体制机制改革战略

抗旱减灾是一项跨部门、跨地区、跨学科的系统工程，涉及自然、经济、社会等诸多领域，需要动员全社会的力量积极参与。目前中国还存在许多体制、机制上的问题，导致抗旱工作落后于经济发展和社会需求，很多地区抗旱工作短期行为较为明显，工作缺乏系统性和连续性，没有统筹规划和长远打算，导致"年年喊旱，年年抗旱，年年还旱"的恶性循环。因此，为了改变目前体制不顺、机制不活的状况，应进行体制机制改革，包括充实各级抗旱组织机构职能、加强抗旱法规制度和技术标准体系建设、建立抗旱资金投入机制和建立各相关部门间的信息共享机制。

（1）充实各级抗旱组织机构职能。在旱情紧急时期，各级抗旱组织机构可以高效有序地指挥和协调相关部门联动响应，但是鉴于干旱灾害具有缓慢发展的特性，这种旱情紧急期的部门联动不能满足经济社会对抗旱工作的要求。因此，除应急抗旱职能外，各级抗旱组织机构还需要强化常规抗旱职能，自上而下突破体制障碍，完善内部组织结构，让各成员单位更多地参与日常抗旱工作，建立多部门的统一协作机制，充分发挥其日常干旱管理的组织和协调作用。

（2）加强法规、制度和技术标准体系建设。目前中国已经颁布了《抗旱条例》，使干旱灾害管理开始走上法制轨道，但还没有形成完整的法规、制度和技术标准体系，不能满足干旱灾害风险管理的需要。首先需要进一步加强法规体系建设，制订《抗旱条例》的实施细则和地方性法规实施办法，以便《抗旱条例》能执行到位。在不断总结实践经验的基础上，研究制订充分体现风险管理理念的《抗旱法》，将干旱灾害风险管理纳入法制化、规范化、制度化轨道。同时，进一步加强技术标准体系建设，提高抗旱工作的科学性和合理性。

（3）建立抗旱资金投入机制。稳定的资金保障是实施干旱灾害风险管理战略的基本条件。中央及地方各级政府要建立健全与经济社会发展水平及抗旱减灾要求相适应的资金投入保障机制。构建以政府投入为主、引导社会积极参与的多元化、多渠道、多层次的抗旱投入体系，建立与经济发展同步增长、分级负担、稳定的抗旱投入机制，形成国家、地方、群众、社会相结合的抗旱投入格局。

（4）建立各相关部门间的信息共享机制。《抗旱条例》规定，水利、气象、农业、供水管理等相关部门要及时向抗旱指挥机构提供水情、雨情、墒情、农情、供用水信息等。目前，各部门间的信息共享在旱情紧急时期可以做到较顺利沟通，但在日常干旱管理工作中还难以实现。由于信息资源由各个管理部门分别管理，"信息孤岛"现象严重。目前抗旱指挥机构旱情信息来源还主要依赖于受旱地区的逐级上报，及时得到有关部门的相关信息还存在一定的障碍，对做到及时有效干旱预测预警、客观评估旱情灾情和科学指挥调度产生很大的不利影响。因此，国家应尽快研究制定并出台干旱相关信息共享的办法或规定等，建立数据信息共享网络，打破信息资源的部门分割、地域分割与业务分割，建立部门间信息共享机制，实现从信息资源分散使用向共享利用转变。建立信息共享机制是推进干旱灾害风险管理一个至关重要的环节。

## 6.2.2 应急能力建设战略

抗旱是水利改革发展的突出薄弱环节。目前，中国抗旱应急能力总体偏低，各区域的抗旱应急能力更是参差不齐，难以满足干旱灾害风险管理的需求，亟需加强应急能力建设，提高旱情监测预警能力、抗旱应急供水能力、抗旱应急响应能力和抗旱应急服务能力。

（1）提高旱情监测预警能力。旱情监测预警是防旱抗旱的重要手段，为抗旱减灾决策提供重要的基础信息支撑，是实现由干旱灾害危机管理向风险管理转变的核心内容之一。目前，中国已经开展了旱情监测方面的工作，但尚不能为旱情预警提供全面有效支撑。因此，需要加强气象、水文、农情、工情、取水和供用水等与干旱相关的监测系统建设，提高对旱情旱灾信息的动态监测能力，形成覆盖全国、布局合理、信息完备、资源共享的旱情监测站网。提高雨情水情预报水平，整合旱情信息资源，构建旱情监测预警系统平台，实现旱情分析预测评估和早期预警。

（2）提高抗旱应急供水能力。中国目前抗旱基础设施建设滞后，抗旱应急供水能力远远不能满足需求，导致一些地区农业抗灾能力低、部分城乡供水安全隐患较多等。因此，应以提高抗旱应急供水能力为重点，大力加强水利基础设施的建设。一方面，加强控制性水源工程建设，加大病险水库除险加固力度，不断完善抗旱工程体系。加强农田水利工程建设，加快灌区续建配套和节水改造，不断提高蓄供水能力和水资源利用效率。干旱缺水地区要因地制宜加快修建各种蓄水、引水、提水、雨水集蓄工程及再生水利用设施，特别要做好与群众生产生活息息相关的小微型抗旱设施建设。另一方面，在充分拓展和挖掘现有水利设施抗旱功能的基础上，以保障干旱期间人畜饮水安全为首要目标，按照先挖潜、后配套，先改建、后新建的原则，因地制宜建设一批规模合理、标准适度的抗旱应急备用水源工程。

（3）提高抗旱应急响应能力。建立反应迅速、协调有序、运转高效的抗旱应急管理机制，对于提高抗旱应急响应能力至关重要。目前，中国已基本建立了抗旱预案制度，对于有效应对干旱灾害发挥了积极的作用，但普遍存在预案的科学性、合理性较差，可操作性不强的问题。因此，应全方位地提高抗旱应急响应能力，加强抗旱应急响应体制机制建设，不断完善抗旱预案，加强抗旱组织体系建设，强化责任机制，完善部门协调联动机制，建立干旱及灾害影响评价机制，健全信息报告和通报机制，强化信息发布和舆论引导机制，加强社会动员机制建设。

（4）提高抗旱应急服务能力。目前中国抗旱服务组织的应急服务能力不足，中央和绝大多数地方政府都没有建立抗旱物资储备制度，与抗旱减灾需求还有很大的差距。抗旱服务组织建设要坚持因地制宜、分类指导、统筹规划、布局合理、讲求实效、量力发展的原则，以现有县乡两级抗旱服务组织建设为重点，优先在易旱地区发展，加大投入力度，更新淘汰老化设备，进一步提高干旱期间机动送水能力和抗旱浇地能力。同时，各地应建立抗旱物资储备制度，因地制宜储备必要的抗旱物资，优化储备方案，加强抗旱物资储备、使用和管理，确保有效开展抗旱减灾服务。

### 6.2.3　需水节水管理战略

水资源是基础性的自然资源和战略性的经济资源，是生态与环境的控制性要素。中国水资源时空分布极为不均，人均占有水资源量不足世界人均水平的30％，特别是在全球气候变化和水资源大规模开发利用双重因素的共同作用下，水资源短缺形势愈加严峻。传统的供水管理模式导致用水需求不断增加，不能适应水资源可持续发展的要求，应向需水管理模式转变，以水资源承载能力为约束来合理调控经济社会的用水需求，优化产业结构布局，提高用水效率，加强水土保持，重视节水护水宣传。

（1）优化产业结构布局。中国很多地区政府在确定经济发展规模、经济结构、产业布局时，常常缺乏对干旱缺水因素的考虑，未做到因水制宜、量水而行，其后果严重影响了地区经济社会可持续发展。因此，必须从各地水资源和水环境的承载能力出发，进行经济结构和产业布局的调整和优化，降低地区孕灾环境的脆弱性，减轻干旱灾害风险。水资源缺乏的北方地区要提升产业结构，发展低耗水产业，适当减少粮食生产，从区外调入部分粮食，扭转目前南北方粮食生产与水资源分布失衡的局面。特别是西北地区，第一产业比重高，大量的水资源消耗在粮食生产上，不利于解决该地区以水资源问题为核心的经济社会和生态环境问题。这些地区应优化产业结构，输出高效利用水资源的商品，输入本地没有足够水资源生产的粮食产品，以物流代替水流，与跨流域调水相结合，通过贸易的形式最终解决水资源短缺和粮食安全问题。对于严重缺水地区，要严格限制高耗水、高污染行业发展，限制盲目开荒和发展灌区。

（2）提高用水效率效益。中国水资源管理还相对粗放，用水效率和效益还比较低。农田灌溉水有效利用系数为0.5，低于发达国家的0.7～0.8，农业单方水的生产能力0.95kg左右，比发达国家低2倍以上。工业万元产值用水量 90 多 m³，是发达国家的 3～7 倍，工业用水重复利用率约 52％，而发达国家可达 80％。全国七大流域有近 50％的河段受到不同程度的污染，其中 10％的河段污染极为严重，已丧失了水体应有的功能，75％的城市河段已不适宜作为饮用水源。因此，要建立科学合理的用水和消费模式，建立充分体现水资源紧缺状况、有利于促进节约用水的水价体系，制定取用水总量控制指标体系，完善行业用水定额，明确用水效率控制性指标，建立水功能区限制纳污制度，发展节水型农业、工业和服务业，提高水资源的利用效率和效益。农业方面，优化作物种植结构，加强田间用水的管理，推广田间节水技术，改变大水漫灌的方式，因地制宜地发展高效节水农业、旱作农业和生态农业。工业方面，制订和落实有关激励与约束政策，引导和促进工业节水，改进生产工艺，推行清洁生产，严格控制入河湖排污总量。城市生活方面，加强城市用水管理，加强管网改造，减少"跑冒滴漏"，加大生活节水器具的推广使用，提高再生水利用率。

（3）加强水土资源保护。据统计，中国水土流失面积由 1949 年的 150 万 km² 增加到目前的 356.92 万 km²，亟待治理的面积近 200 万 km²，分别约占国土总面积的 37％和 21％。严重的水土流失导致土地退化、耕地被毁、江河湖库淤积、土壤水分涵养力下降、生存环境恶化等，进一步加剧了干旱灾害脆弱性。因此，要坚持预防为主、保护优先、因地制宜、分区治理的原则，建立健全水土保持制度，强化生产建设项目水土保持监督管理，有效防治水土流失。实施国家水土保持重点工程，采取小流域综合治理、淤地坝建设、坡耕地整治、造林绿化、生态修复等措施，有效防治水土流失，特别是加强长江上中游、黄河上中游、西南石漠化地区、东北黑土区等重点区域水土流失防治。加强重要生态保护区、水源涵养区、江河源头区、湿地的保护。

（4）重视节水护水宣传。节水是解决中国干旱缺水问题最根本、最有效的战略举措，是一项基本国策。因此，要提高公众的水忧患意识和节约意识，动员全社会力量参与节水型社会建设，建立全社会共同珍惜水、保护水、节约水的良好氛围。通过科普读物、宣传册、报纸、电视、网络等多种方式，加强节水知识、相关政策、法规的宣传和普及。继续开展"世界水日"、"中国水周"和"全国城市节水宣传周"等宣传活动，深入宣传节水的重大意义，推行节约用水措施，推广节约用水新技术、新工艺，倡导节水和低碳生活方式。

## 6.2.4 极端干旱备灾战略

近年来，严重干旱灾害频繁发生，从 2006 年川渝大旱、2009 年初北方冬麦区冬春连旱、2010 年西南五省区大旱到 2011 年初长江中下游干旱,因旱导致的大幅粮食减产和上千万人畜饮水困难,已引起了国家政府的高度重视和社会广泛关注。但是,与中国历史上多次出现的全国性多年持续干旱灾害相比,这些都只是区域性和季节性的灾害事件。在全球气候变化背景下,未来可能发生极端干旱事件的概率增加,若不及早改变被动应急抗旱的局面,将有可能威胁到人的生存与社会的稳定。因此,为防患于未然,避免极端干旱带来灾难性后果,实施备灾战略,包括加强粮食战略储备和建立地下水战略储备。

(1) 加强粮食战略储备。粮食是关系国计民生的重要商品,随着人口增加,中国粮食消费呈刚性增长,同时,粮食持续增产的难度加大,国际市场调剂余缺的空间越来越小。为此,必须坚持立足国内实现粮食基本自给的方针,着力提高粮食综合生产能力。1950～2010 年全国农作物多年平均年因旱受灾面积接近 2160 万 $hm^2$,多年平均年因旱损失粮食 1611.7 万 t,其中 1997年、2000 年、2001 年和 2006 年均超过 4000 万 t。这些数据足以说明干旱灾害是对中国粮食生产危害之大。设想一下,倘若明崇祯大旱(1637～1642 年)这种全国性连年大旱再度发生,会产生怎样的后果?诚然中国已经建立较为完整的粮食储备体系,但还是要从最坏处着想,对于可能发生的极端干旱作充分的准备,积极备荒。因此,要坚持实行最严格的耕地保护制度,坚守 18 亿亩耕地红线不动摇。加强江河治理、水源工程建设、灌区续建配套与节水改造、中低产田改造等,解决好中国粮食安全面临的用水问题。进一步完善中央战略专项储备与调节周转储备相结合、中央储备与地方储备相结合、政府储备与企业商业最低库存相结合的多元化粮油储备调控体系。完善粮食省长负责制,增强粮食主销区省份保障粮食安全的责任。改进储存技术,鼓励储粮于民、储粮于地。

(2) 建立地下水战略储备。水,因为稀缺,成为重要的战略资源,直接关系经济社会发展和国家的安全利益。尽管各国可以寻遍全球获取石油、天然气和矿产资源以维持其经济社会的正常运转,但水却无法通过国际贸易合同获得保障。因此,水资源储备应与粮食储备一样提到安全战略高度。当遭遇极端干旱时,可用的地表水资源和浅层地下水往往已经消耗殆尽,此时,地下水显得尤为重要,可用以维持大旱期间基本的生活与生产用水需求。在北方地区首先要停止地下水过度开采,逐步恢复地下水水位,设置地下水水位保护红线,形成“地下水银行”。在平时不允许水位低于红线,干旱期过后要迅速恢复水位。南方地区除了加强地表水利工程建设外,还应根据社区人口与环境状况,提前勘测地下水源,建好取水口,但平时则封存不动,避免大旱期间临时找水、打井的被动应急局面。

## 6.2.5 科学技术支撑战略

抗旱减灾科技支撑能力不足是中国干旱灾害管理从危机管理模式向风险管理模式转变的主要障碍之一。目前，中国的抗旱减灾科学水平还较低，技术手段仍然比较落后，譬如，干旱长期和超长期预测预报尚处于探索和研究阶段，旱情监测预警、干旱灾害影响评估以及风险分析方法和定量分析技术等才刚刚起步，旱情旱灾标准体系还够不完善等，在很大程度上制约了抗旱减灾工作的科学、高效和主动开展。同时，抗旱减灾领域专业技术人才的匮乏也是影响科技支撑力度的原因之一。因此，亟需开展以促进学科发展建设和注重人才队伍建设为主的科学技术支撑战略。

（1）促进学科体系建设。抗旱减灾是一门交叉学科，涉及水利、气象、农业、地理、社会等，需要综合运用自然科学和社会经济科学中多学科的相关成果。促进抗旱减灾领域学科建设，即要形成以旱灾学、防旱学和抗旱减灾技术为主体的学科体系，为建立与经济社会发展需求相适应的抗旱减灾体系提供科学、全面的基础理论、应用科学和实用技术。在旱灾学方面，加强干旱及干旱灾害基本内涵、形成机制、时空演变规律、旱情旱灾评估理论与方法、抗旱效益评估方法、气候变化影响等方面的研究。在防旱学方面，加强干旱及干旱灾害识别技术、旱情监测预警技术、干旱灾害风险区划与评估技术、抗旱减灾政策法规及技术标准体系、平台建设等方面的研究。在抗旱减灾技术方面，加强抗旱工程与非工程体系优化组合技术、遥感及地理信息技术、非常规水资源利用技术、抗旱节水工艺及设备等方面的研究。

（2）注重人才队伍建设。人才队伍建设是推进抗旱减灾实现跨越式发展的重要途径。人才队伍建设主要包括三方面的内容：一是把抗旱减灾纳入国民教育体系，充分利用高校、科研院所等资源，开设抗旱减灾管理和技术专业，培养多层次专业技术人才。二是把抗旱减灾管理人员纳入培训规划，定期开展抗旱减灾相关知识、技术、措施的培训，提高管理人员管理水平。三是把基层服务队伍纳入科技推广计划，加快科研与生产紧密结合、科技成果高效转化。

# 7 中国干旱灾害风险管理战略近期行动计划

推进中国干旱灾害风险管理战略，实现中国抗旱工作由危机管理转变为风险管理的战略目标，这是一项长期而艰巨的任务，任重道远，需要国家、政府、部门、行业和全体民众的共同努力和全面参与，结合《关于加快水利发展改革的决定》（中发［2011］1号）的总体要求，提出以下中国干旱灾害风险管理战略的近期行动计划。

## 7.1 深化抗旱减灾体制机制改革

### 7.1.1 健全组织机构，提升管理水平

（1）深入贯彻《抗旱条例》，进一步落实抗旱工作行政首长负责制，建立完善统一指挥、部门协作、分级负责的抗旱工作机制，切实提高抗旱整体效能。

（2）健全抗旱组织机构，充实抗旱专职人员，提升各级政府抗旱管理水平，加强各级抗旱管理队伍建设，加强业务技术培训，提高管理人员素质和工作水平。

（3）加大抗旱机构基础设施投入，提高办公自动化水平，做到人员配备合理、机构运转高效，并将各级抗旱管理机构工作经费列入财政预算。

### 7.1.2 推进法制建设，健全制度体系

（1）国务院各相关部门及地方各级政府要加快建立和完善与国家法律、法规相衔接的抗旱法规和制度体系，修订现有的法律法规文件，特别要抓紧制订《抗旱条例》的配套规章和地方性法规。组织力量开展《抗旱法》的编制准备工作，研究《抗旱法》如何全面反映干旱灾害风险管理理念，保障干旱灾害风险管理落到实处。

（2）全面推行抗旱预案制度，按照抗旱预案体系要求编制省级、地级、县级、乡镇级四个层次的总体抗旱预案和流域、区域、城市、生态、行业

（部门）、重点工程的专项抗旱预案，完成各级和各类抗旱预案的编制和修订，形成较为完整的抗旱预案体系和应急机制，全面实现干旱灾害预防预警和应急响应机制。

（3）按照《抗旱条例》的要求，尽快建立健全旱情监测预警、统计评估、信息报送、应急调水、信息统一发布等工作制度。

（4）加快制定紧急抗旱期物资设备征用制度、抗旱应急备用水源项目建设及运行管理办法、抗旱服务组织建设管理办法、抗旱物资储备管理办法、旱灾保险制度等一系列抗旱相关规章制度等，提高中国依法抗旱的总体水平。

（5）建立有效的抗旱责任监督机制，严格责任追究制度，保证抗旱责任制落到实处。

### 7.1.3  完善投入机制，加大投入力度

（1）按照干旱灾害风险管理的公益事业性质，结合社会主义市场经济的特点，从国家财政分级负担、企业社会多种渠道建立起良性循环的资金投入机制，长期稳定保障干旱灾害风险管理战略的实施。

（2）中央财政应逐年列抗旱专项资金用于抗旱基础设施和应急能力建设；地方各级政府要多渠道筹集资金，加大抗旱投入，应把抗旱基础设施和应急能力建设列入本级国民经济和社会发展计划，在财政预算中列支抗旱专项经费，保障稳定的抗旱投入，并逐年增加。

（3）加大对抗旱服务组织的支持扶持力度，将工作经费纳入财政预算。制定优惠政策，采取资金直补、贴息等措施，积极引导吸收社会资金参与抗旱工程建设，支持农民开展小微型抗旱设施建设。制定抗旱用油用电补贴或减免政策，进一步完善抗旱机具购置补贴政策。

### 7.1.4  深入宣传政策，提高减灾意识

加强对抗旱减灾政策和知识的宣传和普及，提高公众的防旱抗旱减灾意识，动员全社会共同参与，为贯彻干旱灾害风险管理理念奠定基础。

（1）通过科普读物、宣传册、报纸、电视、网络等多种方式，加强抗旱减灾知识、相关政策、法规的宣传和普及。

（2）完善分层分级的专业人员动员机制，编制专业教材，开展抗旱减灾相关知识、技术、措施的培训。

（3）持续开展宣传活动，深入宣传节水重大意义，推行节约用水制度和措施，推广节水新技术、新工艺，倡导节水和低碳生活方式。

（4）编制科普读物，普及抗旱减灾知识，开展相关政策、法规宣传，提

高公众的水忧患意识和节约保护意识，建立全社会共同参与防旱抗旱的良好氛围。

## 7.2  大力推进各级抗旱规划编制

抗旱规划是推进抗旱减灾工作和提高抗旱减灾水平的重要战略性、基础性与指导性文件，是推行干旱灾害风险管理战略的重要保障。结合干旱灾害风险管理战略实施的要求，遵循"以防为主、防抗结合"的原则，从全局战略高度，全面调查和系统分析干旱灾害区域分布和演变趋势，科学评价抗旱面临的严峻形势和挑战，完成全国和省级抗旱规划的编制和审批，构建包括抗旱减灾工程体系和非工程体系的抗旱减灾体系，在此基础上，逐步推动地级、县级的抗旱规划的编制工作，逐步建立与中国干旱灾害风险管理相适应的规划体系。

## 7.3  建设抗旱应急备用水源工程

加快建设和完善中国应急备用水源工程体系，优化整合抗旱资源，科学调度抗旱用水，全面提高抗旱应急供水能力，保障旱期饮水安全，最大限度地减少因旱造成的粮食损失和经济损失，为全面落实干旱灾害风险管理战略提供水源保障。

（1）按照先挖潜、后配套，先改建、后新建的原则实施应急水源工程建设，最大限度地挖掘现有水利工程的抗旱应急功能，因地制宜建设各种类型的抗旱应急备用水源工程。

（2）以保障城乡人饮安全、粮食安全、生态安全为目标，考虑遭遇不同程度干旱情况的需要，对现有水源工程进行改扩建、新建抗旱应急备用水源和应急备用输水设施等工程，因地制宜的实施水系联网，多库串联，地表水与地下水联调等工程。

（3）因地制宜地建设蓄水池（塘坝）、小型引提水工程、机井、小水井、水窖、水柜等小微型工程。同时，加强各类水源的应急管理，尽量多引、多提、多拦、多蓄，千方百计增加库、塘蓄水，增加抗旱应急供水量，以解决农村分散因旱人畜饮水困难问题。

（4）加强各类水利工程的调度，包括蓄水工程的一库多用、一水多用及综合利用。

（5）全面加强流域内上、中、下游各类水利工程和区域水资源配置工程的联合调度和水量统一调度，特别要加强流域骨干水资源配置工程的左右岸、干支流、上下游之间的水量联合调度。

## 7.4 建设旱情监测预警指挥平台

（1）以国家防汛抗旱指挥系统为基础，加快建设旱情监测站网，以土壤墒情监测站网为建设重点，合理补充建设蒸发站网、抗旱水源地监测站网和旱情遥感监测系统。同时充分利用水文、气象和农业部门已建和规划的站网，最终形成覆盖全国、布局合理、信息完备、资源共享的旱情监测站网。

（2）基于旱情综合数据库，结合国家防汛抗旱指挥系统工程的要求，构建旱情监测预警系统平台，用干旱灾害风险管理的理念指导系统功能的扩展和应用，实现旱情实时监测、旱情信息服务和旱情分析预测评估，及时有效地进行旱情预警。

（3）加强国家防汛抗旱指挥系统工程中抗旱指挥调度系统平台的建设，运用旱情监测预警系统成果，实现抗旱决策和指挥调度，为干旱灾害风险管理提供重要的支撑平台。

## 7.5 全面提升抗旱服务组织能力

（1）以现有县乡两级抗旱服务组织为重点，由中央财政和地方财政加大投入，更新淘汰老化设备，进一步提高干旱期间机动送水能力和抗旱浇地能力，确保能够有效开展抗旱减灾服务。县级抗旱服务组织能力建设由中央财政直接按照现状补助标准进行资金支持，乡镇级抗旱服务组织能力建设则按照以地方财政为主、中央财政适当补助的原则进行。

（2）抗旱服务组织配置设备类型主要包括流动水泵、抽水机具、送水车、打井洗井施工机具、清淤设备、小型发电机组、移动净水设备和喷灌、滴灌等节水设备等。

（3）抗旱服务组织能力建设的重点是增强机动浇灌能力、扩大抗旱浇灌面积、增强找水打井和拉送水能力。

（4）加强抗旱服务组织的运行管理，在资金、政策扶持的基础上，进一步完善抗旱服务组织的建设和管理办法，有序推进抗旱服务队和抗洪抢险机动队的资源整合，力争将抗旱服务组织管理人员纳入财政预算范围。

（5）在中央和地方资金和政策的扶持下，抗旱服务组织应积极开展抗旱工程设施整修、清淤和加固，新建抗旱应急工程，维修养护抗旱机具设备。

## 7.6　建立健全抗旱物资储备制度

根据中国保障粮食安全和抗旱减灾的要求，结合不同区域防汛物资储备仓库情况，建立中央级和省级抗旱物资储备。在东北、黄淮海、长江中下游、华南、西南、西北等六大区建设中央级抗旱物资储备仓库，进行物资储备；在省级行政区利用已有的防汛物资储备仓库建立抗旱物资储备，其中粮食主产省区抗旱物资储备数量和规模可适当提高。中央和省级抗旱物资储备主要包括水泵、发电机组、打井设备、输水管等。此外，有需求的地区，依托市、县级抗旱服务组织因地制宜储备必要的抗旱物资。各级抗旱物资储备仓库应及时建立抗旱物资储备管理和调配制度。

## 7.7　提高风险管理科技支撑水平

（1）编制全国干旱区划，推进旱灾风险图编制工作。研究中国旱情特征及旱灾发生发展变化规律，掌握中国旱灾严重程度、分布情况及其演变趋势，结合中国水资源分布、地形地貌、社会经济、历史干旱等特点，考虑降水、蒸发和水资源量等指标，编制全国干旱区划图，作为干旱灾害风险管理战略布局的依据。结合全国干旱区划和不同干旱区划特点，研究干旱灾害风险的区域分布规律，提出适合中国国情的风险等级评价准则，推进旱灾风险图的编制，为干旱灾害风险管理提供基本的依据。

（2）完善中国干旱灾害风险管理相关技术标准体系。近年来，中国制定了一些抗旱减灾技术标准，如《抗旱预案编制大纲》、《旱情等级标准》、《城市供水应急预案编制导则》等，但总体还很薄弱，因此应尽快编制相关技术标准，如《抗旱预案编制导则》、《旱灾等级标准》、《旱灾风险评价导则》、《抗旱规划编制导则》、《旱灾风险图编制导则》等，从而建立健全与中国干旱灾害风险管理战略实施相适应的技术标准体系。

（3）进行干旱预警及应急响应研究。针对中国抗旱减灾需求，研究中国干旱预警指标体系和预警方法、抗旱对策和应急响应措施，为快速有效地干旱预警和抗旱行动提供强有力的支持。

（4）进行旱灾损失评估、抗旱能力评估和抗旱效益评估等研究。针对抗旱减灾研究的薄弱环节，尽快开展旱灾损失评估、抗旱能力评估和抗旱减灾效益评估方法研究，为中国旱灾风险图的编制提供技术支撑。

（5）进行抗旱应急调水补偿机制研究。应急调水是应对干旱灾害的重要手段和措施，因此，应尽快研究建立抗旱应急调水补偿机制，以指导和规范中国的抗旱应急调水工作，为中国干旱灾害风险管理政策制定提供参考依据。

（6）选择试点地区推行旱灾保险制度。借鉴国外成功的旱灾保险经验，选择有条件的地区，结合干旱灾害风险管理理念开展适用于中国国情的干旱灾害保险试点研究，提出可向全国推广的切实可行的旱灾保险模式。

（7）开展雨洪资源利用相关研究。雨洪资源具有致灾和兴利两面性，选择试点地区开展相关研究，科学利用雨洪资源，为抗旱减灾提供备用水源。

（8）进一步研究完善干旱灾害风险管理理论体系。深入开展干旱灾害风险管理相关理论和政策研究，完善干旱灾害风险管理的理论体系，为建立干旱灾害风险管理制度奠定理论和基础支撑。

（9）进行抗旱剂、节水剂等新产品及新技术的研发和推广等工作。

# 附录 A 与干旱灾害相关的国际组织和研究机构及网站

## A1 联合国系统

(1) 联合国粮农组织（FAO）

http：//www.fao.org

(2) 全球机构

http：//www.global-mechanism.org

(3) 农业发展国际基金（IFAD）

http：//www.ifad.org

(4) 联合国人权委员会（OHCHR）

http：//www.ohchr.org

(5) 联合国难民事务高级难民专员公署（UNHCR）

http：//www.unhcr.ch

(6) 联合国儿童基金会（UNICEF）

http：//www.unicef.org

(7) 联合国防治荒漠化公约（UNCCD）

http：//www.unccd.int

(8) 联合国国家小组（UNCT）

(9) 联合国妇女发展基金会（UNIFEM）

http：//www.unifem.org

(10) 联合国发展集团（UNDG）

http：//www.undg.org

(11) 联合国开发计划署（UNDP）

http：//www.undp.org

(12) 联合国非洲经济委员会（ECA），亚的斯亚贝巴，埃塞俄比亚

http：//www.uneca.org

(13) 联合国亚洲及太平洋经济社会委员会（ESCAP），曼谷，泰国

http：//www.unescap.org

http：//www.unescap.org/esd/environment

（14）联合国经济与社会理事会（ECOSOC）

http：//www.un.org/docs/ecosoc

（15）联合国教科文组织（UNESCO）

http：//www.unesco.org

（16）联合国环境规划署（UNEP）

http：//www.unep.org

（17）联合国气候变化框架公约（UNFCCC）

http：//unfccc.int

（18）联合国人类住区规划署（HABITAT）

http：//www.unhabitat.org

（19）联合国国际减灾战略（UNISDR）

http：//www.unisdr.org

（20）人道主义事务协调处（OCHA）

http：//ochaonline.un.org

（21）联合国大学（UNU）

http：//www.unu.edu

（22）联合国大学—水，环境健康国际网络（UNU－INWEH），哈密尔顿，加拿大

http：//www.inweh.unu.edu

（23）联合国志愿者（UNV）

http：//www.unv.org

（24）联合国世界粮食计划署（WFP）

http：//vam.wfp.org

（25）世界卫生组织（WHO）

http：//www.who.org

（26）世界气象组织（WMO）

http：//www.wmo.ch

## A2 国际机构和网站及中心

（1）东中非洲加强农业研究协会（ASARECA），恩德培，乌干达

http：//www.asareca.org

（2）灾害管理中心（CENDIM），伊斯坦布尔，土耳其

http：//www.cendim.boun.edu.tr/index.html

（3）灾害流行病研究中心（CRED），布鲁塞尔，比利时

http：//www. cred. be

(4) 世界农业研究咨询小组（CGIAR）

http：//www. cgiar. org

(5) 全球水新闻观察

http：//www. sahra. arizona. edu/news

(6) 国际旱地农业研究中心（ICARDA），阿勒颇，叙利亚

http：//www. icarda. org

(7) 国际热带农业中心（CIAT），卡利，哥伦比亚

www. ciat. cgiar. org

(8) 国际半干旱热带作物研究所（ICRISAT），海德拉巴，印度

http：//www. icrisat. org

(9) 国际发展研究中心（IDRC），渥太华，加拿大

http：//www. idrc. ca

(10) 国际水文研究计划（IHP）

www. unesco. org/water/ihp

(11) 国际应用系统分析学会（IIASA），Laxenburg，奥地利

http：//www. iiasa. ac. at

(12) 国际可持续发展研究所（IISD），温尼伯，加拿大

http：//www. iisd. org

(13) 国际气候和社会研究中心（IRI），纽约，美国

http：//iri. columbia. edu

(14) 自然灾害研究应用信息中心，科罗拉多大学，博尔德，美国

http：//www. colorado. edu/hazards

http：//www. proventionconsortium. org

(15) 世界农业林业中心（ICRAF），内罗毕，肯尼亚

http：//www. worldagroforestry. org

## A3　地区机构和网站及中心

(1) 非洲气象学应用促进发展中心（ACMAD），尼亚美，尼日尔

http：//www. acmad. ne

(2) 非洲联盟（非洲团结组织），亚的斯亚贝巴，埃塞俄比亚

http：//www. africa – union. org

http：//www. nepad. org

(3) 阿拉伯干旱地区与干旱土地研究中心（ACSAD），大马士革，叙利亚

　　http：//www.acsad.org

（4）阿拉伯马格里布联盟（UMA），拉巴特，摩洛哥

　　http：//www.maghrebarabe.org/en

（5）阿拉伯农业发展组织（AOAD），Khartoum，苏丹

　　http：//www.aoad.org/about_en.htm

（6）亚洲防灾中心（ADPC），曼谷，泰国

　　http：//www.adpc.net

（7）加勒比共同体（CARICOM）气候变化中心，贝尔莫潘，伯利兹

　　http：//caribbeanclimate.bz

（8）加勒比环境健康协会（CEHI），卡斯特里，圣卢西亚岛

　　http：//www.cehi.org.lc

（9）中非森林委员会（COMIFAC），Yaounde，喀麦隆

　　http：//www.comifac.org

（10）中欧防灾论坛（CEUDIP）

　　http：//www.unisdr.org/europe/eu-partners/partner-eu.html

（11）阿拉伯及欧洲地区环境发展中心（CEDARE），开罗，埃及

　　http：//www.cedare.int

（12）东部和南部非洲共同市场（COMESA），卢萨卡，赞比亚

　　http：//www.comesa.int

（13）萨赫勒-撒哈拉国家共同体（CEN－SAD），的黎波里，利比亚

　　http：//www.africa-union.org/root/au/recs/cen_sad.htm

（14）东南欧干旱管理中心（DMCSEE），Ljubljana，斯洛文尼亚

　　http：//www.dmcsee.org

（15）东非共同体（EAC），阿鲁沙，坦桑尼亚

　　http：//www.eac.int

（16）中非国家经济共同体（ECCAS），利伯维尔，加蓬

　　http：//www.ceeac-eccas.org

（17）西非国家经济共同体（ECOWAS），阿布贾，尼日利亚

　　http：//www.ecowas.int

（18）欧洲干旱中心（EDC）

　　http：//www.geo.uio.no/edc

（19）东非政府间发展组织（IGAD），吉布提市，吉布提

　　http：//www.igad.org

（20）政府间气候预测和应用中心（ICPAC）内罗毕，肯尼亚

http：//www. icpac. net

（21）国际边界河流水资源委员会

http：//www. ibwc. state. gov

（22）地中海先进农艺国际研究中心（CIHEAM），巴黎，法国

http：//www. ciheam. org

（23）国际干旱风险减灾中心，北京，中国

International Center for Drought Risk Reduction（ICDRR）

http：//www. jianzai. gov. cn

（24）政府间水管理协会（IWMI），科伦坡，斯里兰卡

http：//www. iwmi. cgiar. org/http：//dms. iwmi. org/about _ swa _ dm. asp

（25）北美干旱监测

http：//www. ncdc. noaa. gov/oa/climate/monitoring/drought/ nadm/index. html

（26）太平洋地球科学委员会（SOPAC），苏瓦，斐济

http：//www. sopac. org

（27）水力资源区域委员会（CRRH），San José，哥斯达黎加

http：//www. aguayclima. com/clima/inicio. htm

（28）撒哈拉及萨赫勒观测台（OSS），突尼斯市，突尼斯

http：//www. oss-online. org

（29）南部非洲发展共同体（SADC），Gaborone，博茨瓦纳

http：//www. sadc. int

（30）南部非洲发展共同体（SADC），干旱监测中心（DMC），哈拉雷，津巴布韦

http：//www. dmc. co. zw

（31）拉丁美洲及加勒比干旱半干旱地区水中心，智利

http：//www. cazalac. org

# 附录 B  国际减轻干旱灾害风险典型实践经验

## B1  澳大利亚

利用信息技术，进行干旱灾害风险评估和管理

全国农业监测系统：一个评估干旱灾害影响的公共网站

澳大利亚农业、渔业和林业部农村科学局（www.nams.gov.au.）

### B1.1  摘要

2002 年以来，澳大利亚部分地区遭受了严重干旱灾害。截至 2009 年 4 月，澳大利亚 44％的农业用地受到干旱灾害影响。因此，澳大利亚南部的大部分地区农业减产，农业收入有所下降，许多农民家庭面临着很大的经济和精神压力。

澳大利亚全国农业监测系统（NAMS）是一个评估干旱灾害影响的公共网站，采用信息技术管理进行干旱灾害风险评估和应对所需要的各种数据。NAMS 拥有大量从各种渠道获取的降雨、温度、水、植被生长生产和农业工业经济等方面的数据及信息。NAMS 简化了干旱灾害救济申请和评估的过程，是澳大利亚农业利益相关者进行防灾和风险管理的工具。目前，NAMS 已被农民、政府、行业组织和科学家广泛应用于短期和长期干旱灾害风险管理。

### B1.2  举措

NAMS 项目的启动最初源于 1992 年实施的澳大利亚国家干旱政策，澳大利亚农业部门迫切需要一种先进的工具，能更好地识别干旱灾害影响的社区，使干旱灾害救灾计划可以更有效、更公平地帮助有需要的农民。NAMS 于 2005 年 4 月启动，主要有以下两方面目标：

（1）提高干旱灾害救济申请和评估过程的效率和透明度。

（2）为干旱灾害防御和风险管理提供更好的支持。

NAMS 的开发基于主要利益相关团体间的广泛协商和合作，包括来自联邦、州和地区政府、农业生产者、行业组织和科研机构的代表。开发过程由一个指导委员会管理，委员会成员由州政府和联邦政府委派，包括气象学家

以及联邦、州和地区政府农业部门的代表。该委员会设立了两个咨询小组，一个负责网站的科学内容，另一个负责与农业机构的联系。这两个委员会同时负责对数据和分析系统的合理应用提出建议，监督信息的质量、准确性等。

NAMS 是一个公共网站，包括气象、生产和经济条件等方面的信息，帮助管理干旱灾害风险。澳大利亚行业机构、生产商、研究人员、政府机构和一般公众均可以通过 NAMS 进行超过 600 个地区的任何可用分析查询。NAMS 还可进行不同空间尺度的分析查询，包括国家尺度、州尺度、地区尺度和流域尺度。NAMS 由国家、州和地区农业及其他政府部门共同出资建成，超过 30 个机构组织提供澳大利亚农业区内定期更新的气象和生产数据。

如今，NAMS 的访问用户范围很广，包括生产商、研究人员和政府等，用于国家和地区的生产、气象、灌溉、供水和经济生产等许多方面的分析和报告。

## B1.3　影响和结果

目前，NAMS 已用于澳大利亚干旱灾害援助申请工作，支持政府援助措施的评估和发布。此外，NAMS 作为一种风险管理工具，其作用仍在扩大。NAMS 已实现有效简化干旱灾害评估和申请过程的目标，为澳大利亚各地的利益相关者带来诸多实惠：

（1）减少了收集支持干旱灾害援助申请信息所需要的时间和资源。

（2）基于广泛协商的标准化申请程序模板使评估过程更加高效、透明。

（3）减少了区域干旱灾害援助滞后的现象。

（4）在干旱灾害造成的严重影响显现之前，给相关地区提供针对性的支持，可以有效减少对环境、社会和经济的影响。

（5）提供了一个科学、合理、公开的干旱灾害援助申请评估框架。

## B1.4　挑战

NAMS 的开发和实施过程经历了许多重大挑战，主要如下：

（1）相关数据的获取问题。基本气象数据可以由澳大利亚气象局提供，但其他数据系列的获取和整理需要耗费大量的资源。NAMS 实行非常严格的数据收集标准，数据和模型输出要能覆盖全国范围，需要进行同行审查，并且数据要容易解释，实时更新。在这一标准之下，供水、农业灌溉用水以及实际经济和生产等数据的获取则比较困难。此外，NAMS 所需数据信息的持有人是否支持 NAMS 的数据使用也是非常重要的。

（2）技术开发问题。由于缺乏现成的集数据库、分析引擎，绘图界面和报告自动生成于一体的软件解决方案，NAMS 开发人员设计了一个创新的网络界面，该网络界面使用了一系列商业和开源软件，整合了各种尺度的空间、时间数据。尽管这一过程非常艰难，但是最终仍在最后期限内完成，并进行了用户验收测试和修改。

## B1.5 经验教训

NAMS 的开发和实施过程中，主要经验教训如下：

（1）NAMS 的开发表明，可以开发一个可靠的、综合的和公开的信息系统简化干旱灾害援助过程，以获得各级政府的支持，并推动干旱政策的贯彻实施。

（2）在干旱灾害风险评估、管理和应对中，来自不同利益相关者的数据作用不同，确保关键利益相关者参与其中、理顺他们不同的需求并获得他们对 NAMS 的支持对取得成功很重要。

（3）指导委员会的组成至关重要。代表 NAMS 指导委员会的高级别利益相关者确保了该项目的合法性。NAMS 指导委员会主席对所有利益相关者团体作出长期的承诺，有助于维持该项目的可持续性。

（4）科学、工业和政府咨询小组的建立，有助于更广泛地传播 NAMS 的用户信息，获得用户支持和认可。

（5）对 NAMS 的独立审查有助于不断完善系统。在过去几年里，NAMS 接受了关于管理结构、技术框架和救济分配等三个独立审查，都取得了积极成果。

## B1.6 推广潜力

这一举措可以在全球部分地区推广，但可进行推广的地区要有发达的电信基础设施，高水平的互联网技术，以及一系列的已完善的相关数据。

## B2 博茨瓦纳

干旱灾害风险监测，提供救助，拯救生命
博茨瓦纳干旱灾害预警系统
博茨瓦纳政府

## B2.1 摘要

博茨瓦纳是非洲南部的一个内陆国家，与津巴布韦、南非、纳米比亚和赞比亚接壤。它是一个以沙漠地区为主的国家，降雨量普遍偏低且不稳定，一直受到干旱灾害的威胁。

博茨瓦纳政府认识到干旱是一个经常发生的自然现象，需要提前进行规划，因此成立了管理干旱灾害各方面工作的相关政府机构。同时，博茨瓦纳政府也意识到一个有效的预警系统在灾害多发国家非常关键，于是在 1984 年正式建立了干旱灾害预警系统（EWS），以加强干旱灾害备灾、减灾和抗灾工作。EWS 利用人类营养学、农业、降雨和气候等相关的各种数据和指标来评估干旱灾害风险，并将风险评估的结果制作成月报和年报。然后，政府决策者会用这些报告监测旱情，并在适当的时候正式发布干旱灾害预警。一旦干旱灾害预警发布，有关部门和地方当局都将协助工作，将救济粮食在数天内运抵受影响的社区。简言之，EWS 使政府能够迅速采取应急行动，降低干旱灾害影响。自 EWS 实施以来，博茨瓦纳没有因干旱灾害遭受人员伤亡，最大限度地减轻了经济损失，保护了政府和家庭的财富。

## B2.2　举措

由于意识到一个有效的预警系统在灾害多发国家非常的关键，在遭受过一系列干旱灾害之后，博茨瓦纳政府于 1984 年正式建立了 EWS，目的在于增强干旱灾害备灾、减灾和抗灾能力。EWS 的开发始于 20 世纪 70 年代，当时政府聘请了顾问，对全国干旱灾害情况进行分析，并寻求评估干旱灾害风险的方法。现在，EWS 完全由博茨瓦纳政府管理和资助，涉及若干政府部门，主要包括气象服务部、野生动物和国家公园部、林业和牧场资源部、作物生产部和地方政府（发展规划）部。

EWS 的主要目的是提供有关全国干旱灾害脆弱性形势的及时分析，通报政府关于粮食安全的决定，以及正式发布干旱灾害预警信息，具体目标包括：

（1）提供每月牧场情况以及野生动物和家畜的相关情况。

（2）估测五岁以下儿童及学童营养不良的水平。

（3）收集学童入学率，儿童身体生长障碍和食物供给覆盖面的信息。

（4）提供每月气象数据/天气条件（特别是降雨的时空模式）。

（5）提供城市、农村和居住区每月的供水情况。

作为 EWS 的一部分，地方政府和相关部门每月收集全国范围内的农业-气象数据，进行干旱灾害评估。这些评估结果将提交给国家预警技术委员会，国家灾害管理委员会和农村发展委员会。在每个生长季临近结束时，全国预警技术委员会将对所有的月度报告进行每年一次的分析，以评估整个国家的干旱灾害风险。评估结果通常在 3 月份提交给内阁，然后，内阁向总统就是否应该宣布干旱灾害提出建议草案。

EWS 采用了有关国际和国内组织开发的多种评估方法。"非洲南部发展共同体"(SADC)遥感系统收集的数据是 EWS 的主要数据来源之一。SADC 是一个跨政府组织,旨在促进非洲南部 15 个国家的进一步合作和一体化。遥感系统设在位于内罗毕(肯尼亚)和哈拉雷(津巴布韦)的干旱灾害监测中心(DMC)。它们提供 SPOT 卫星植被数据,将其转换为每旬的归一化植被指数(NDVI),由此产生的专题地图显示了每旬的植被绿度情况,并且相应的成员国很容易获得这些数据和成果。之后,这些成员国可以将图像和放牧条件数据联系起来,验证卫星图像观测所显示的变化情况。EWS 估计作物产量采用了联合国粮食与农业组织(FAO)的方法;评估人口的营养状况利用了联合国儿童基金会(UNICEF)和世界卫生组织(WHO)的方法;牧场条件评估运用了博茨瓦纳农业部土地利用司开发国家实地评估方法。

## B2.3 影响和结果

ESW 通过将实时信息融入干旱灾害管理和减灾的过程中,大大降低了干旱灾害的影响。EWS 帮助政府在有风险的社区实施有效的抗旱响应措施,包括免费种子补贴,一天两顿的学童伙食,通过降低饲料价格实现的牲畜补贴,以及为贫困人口提供的口粮等。此外,还包括监测钻井以及大坝水位和水质。这些减灾措施大多只在干旱年份实施,但是针对学童和贫困人口的减灾措施,不论当年有无干旱灾害发生,都是持续执行的。在政府宣布干旱灾害时,受影响社区会得到食品供应,家庭粮食安全水平有所提高。

## B2.4 挑战

EWS 的开发和实施过程主要面临以下两个挑战:

(1)实施抗旱减灾措施的专业技术人才缺乏。由于实施抗旱减灾措施的成本非常高,因此需要有专业人才对抗旱减灾项目进行评估鉴定。要求有能力识别亟需帮助的弱势群体,能够根据项目类型进行项目规划,并准确测算项目管理成本。目前,地区级的干旱灾害协调员常常同时负责几个定居点和村庄的若干在建项目。由于交通不便、地形困难等因素,常导致项目监督情况不佳,项目监督工作因此常成为挑战之一。

(2)为抗旱救灾项目提供充足的资金始终是一个挑战。因为有很多项目需要资金支持,而国家预算分配往往不足以满足所有需求,这经常导致要对项目进行优先次序排列,往往会减少项目总体受益人数——尤其是以劳工为基础的公共工程项目。由于专业技术人才限制等原因,常常导致项目逾期完成。受通货膨胀、全球经济危机等其他因素的影响,原材料成本上升,逾期完成将进一步导致成本超支。

## B2.5　经验教训

EWS 的开发和实施过程中，主要的经验教训如下：

（1）定期收集的数据和相关的干旱灾害风险信息在决策过程中非常重要，应提前对弱势人群进行分类，以便为那些最需要帮助的人提供援助。

（2）干旱灾害易发国之间的信息交流很有益处。应加强各国、各区域和国际组织间关于能力建设的合作，如联合国开发计划署旱地发展中心（DDC）和国际干旱风险减灾中心（ICDRR）。合作内容包括国与国之间的连续数据共享，好的做法以及经验教训等。这种交流对更快地传播知识十分重要，能使有限资源发挥最大作用。同时，合作交流也有助于加快信息共享战略网络的建设。

（3）应优先考虑减灾措施，以确保选择最有效的举措。项目实施的过程需要加以改进，以更有效地管理资源，并且还应有充足的人力、时间和资金保障。结果表明，有必要建立国家级的可持续发展框架，来理解旱地和社会经济发展之间的联系；有必要为所有重要的干旱灾害风险管理的利益相关者制定交流战略，使其参与到风险管理过程之中；确保资金供应，以实现所有的风险管理战略、计划、监测和评估过程的有效性，以及计划的修订和调整。所有这些都应该被纳入到制度中。

## B2.6　推广潜力

EWS 很容易被复制推广，因为大多数降低干旱灾害风险的方法都有完整详细的记录，而且开发类似系统的国家还可以与诸如博茨瓦纳这样已建立了EWS 的国家分享相关的经验和资料。但是在经济方面，实施 EWS 时可能遇到资金限制。一个稳定的政治制度同样重要，只有政治制度稳定，所有接收者才可以从举措中受益。因为在政治上不稳定的国家，政府项目经常被当成一个工具，以惩罚不同政见者，尤其是反对派。只有那些亲政府的个人或团体，才最有可能从政府提出的任何风险管理项目中获得最多的受益。

## B3　印度

通过社区行动抵御干旱缺水和土壤侵蚀

利用雨水集蓄装置收集饮用水，修建雨水堤岸工程防止土壤侵蚀

泪水基金会与门徒中心（Tearfund and Discipleship Centre）

## B3. 1 摘要

在印度西北部的拉贾斯坦邦，干旱灾害风险比其他灾害风险更大。2005年9月，国际非政府组织"泪水基金会"与印度当地非政府组织"门徒中心"合作启动了降低干旱灾害风险工程，包括抗旱能力建设、雨水集蓄池和堤岸建设等，确保受影响最大的地区，也就是基层社区，能够直接获得抗风险能力，让许多脆弱社区开展参与式灾害风险评估（PADRs）。

该项目旨在展示当地非政府组织在降低干旱灾害风险意识、社会动员和充当信息载体中发挥的关键作用。项目的重点不是在抗旱实践，而是进行干旱灾害风险评估，以帮助社区选择和实施正确的措施。

## B3. 2 举措

该项目于2005年9月启动，地点选在印度西北部拉贾斯坦邦第二大城市焦特布尔的西南。作为包括马拉维、阿富汗、孟加拉国和印度等在内的全球项目之一，该项目获英国国际发展部（DFID）资助，由国际非政府组织"泪水基金会"与印度当地非政府组织"门徒中心"合作开展。该项目旨在发现和推广社区层面抗旱减灾的良好做法，主要是通过以下两方面来实现：一方面提高国家和地方非政府组织的抗旱减灾能力；另一方面加强与当地社区合作，提高其认识和技能水平。该项目的关键点是在社区、区域和国家层面起到宣传作用，从而确保减灾理念能够得到推广，在政策制定中给予支持，并顺利实施。

印度当地非政府组织"门徒中心"在印度社区发展和灾害响应方面拥有丰富经验，并与拉贾斯坦邦的社区和当地政府部门拥有良好关系，享有很高的声誉。首先，由"门徒中心"选择了10个孤立脆弱、需要抗旱能力建设支持的村庄，每个村庄社区大约有200～500人。然后再由"泪水基金会"通过开展参与式灾害风险评估（PADRs）对基层民众干旱风险的脆弱性和抗旱能力进行评估。该项目主要围绕以下三个方面的工作展开：

（1）社会宣传工作。目的是帮助当地社区评估未来干旱灾害风险，提高社区的应急响应能力。社会宣传工作主要包括引导社区成员运用基本的参与式风险评估（PRA）工具，进行一系列的参与式灾害风险评估（PADRs）活动，引导乡村发展委员会（VDC）制定、实施和审查降低干旱灾害风险活动的社区计划，为不同阶层男女提供了一次做集体决定的机会。如果在参与式灾害风险评估之前没有正式的乡村机构存在，那么评估过程本身就将通过社区投票或村民任命的方式产生这种机构。

（2）修建雨水集蓄池。在过去的 5～10 年间，拉贾斯坦邦的降雨越来越不稳定，这意味着他们对降雨的期望无法成为现实，供水管理变得更加困难。由于地下水位大幅度下降，印度政府反对挖掘更多的管井。因此，一些乡村发展委员会决定修建雨水集蓄池。这些蓄水池建在汇流很快的浅凹坑底部，设有雨水导流槽。每个蓄水池宽约 3～4m、深 4m，可以贮存多达 4 万升的水，蓄满可满足三个家庭全年的饮用水需求。它也可以用来储存干旱时期送水车运来的水。

（3）修筑雨水堤岸。修筑雨水堤岸是已被遗弃或遗忘了的传统做法之一，在该项目中得到重新考虑。首先环绕当地的轮廓线修建堤岸，即一种 1～2m 高的土墙，之后在堤岸前面挖一条沟渠，以便收集径流或保持土壤湿度。雨水堤岸不仅有助于防止土壤侵蚀，而且通过防止雨水流走，能够保持土壤水分。

## B3.3　影响和结果

该项目帮助目标社区形成了降低干旱灾害风险活动的地方计划，减少频发的干旱灾害的影响；通过修建雨水集蓄装置，解决了社区饮用水不安全问题；通过修建雨水堤岸工程，防止了土壤侵蚀，增加了农业产量。此外，居民获得基本的饮食供应，牲畜得到喂养，移民现象有所减少。

该项目除了有助于抗旱之外，还产生了其他一些积极的影响。其中，较广泛的影响是社区的自信得到较大提升，他们会就自己的权限和政府进行谈判，还说服政府官员推广他们的一些举措。自信和认识的提高有助于开始对某些致使脆弱性迟迟不能解决的社会规范和结构进行挑战，尤其是在低阶层社区和妇女中：不同阶层的男女有机会见面，一同劳动，享受同等待遇，集体做出决策。

## B3.4　挑战

该项目在实施过程中，主要面临以下两个挑战：

（1）如何清楚地处理灾害与降低干旱灾害风险之间的关系。有必要将降低灾害风险和未来发展联系起来，而抛弃将灾害与人道主义响应联系起来的做法。如果这个关系没有处理好，人们往往希望项目快速交付并显现效果，而事实上，提高抗灾能力需要一个过程，需要通过降低脆弱性和减轻灾害影响来实现所有村庄的发展。

（2）如何确保评估的准确性，并能行使正确的行动方案。选定降低风险的活动，必须要经过人们的深思熟虑。材料选择不当或评估的限制性可能会导致蓄水池倒塌或某重要农田的地下水流失。也就是说，农学家和水利专家都必须参与其中。

### B3.5 经验教训

该项目在实施过程中，主要的经验教训如下：

（1）国家或地方的非政府组织可以作为重要的促进者和通信途径，为项目实施提供帮助。在这个项目中，"门徒中心"扮演了枢纽角色，传播新信息，更好地促进政策理解，直到乡村发展委员会可以自己组成联盟，或与帮助他们修改村庄发展计划的其他信息提供者结盟。在气候变化和需要预警信息到达孤立社区的情况下，这一点尤其重要。

（2）赢得社区信任和认可极为重要。这样做显然需要更多时间，但结果也更有价值。为了与社区成员建立联系，并赢得其信任，项目工作人员曾驻扎在村庄，由此获得了社区所面临困难背后的深层次背景原因，这对制定计划，讨论可能的降低风险的解决方案，大力提高社区的技能、资源和能力等都是非常有益的。

（3）分散的国家预算可以为当地社区提供良好的机会。乡村发展委员会之所以很快就获得信心，是因为他们的宣传工作常收到较快的响应。这得益于当地政府拥有权力和资金支持，而不用向上级申请。因此，当地政府公布这一自己辖区内实行的经验做法，并出于自身利益的考虑支持这些举措，减少了未来潜在的干旱灾害救济需求。

### B3.6 推广潜力

在这个案例研究中，降低干旱灾害风险的方法并没有什么创新之处，它们要么已经在印度其他地区实施，要么是被遗忘的传统做法。在其他国家实施类似项目可能需要不同的方法，但在开始工作之前，与社区建立良好的关系却是在任何其他情况下都可以推广的。

## B4 埃塞俄比亚

加快牲畜销售，提高干旱灾害时期牧民的家庭收入
通过商业手段减少牲畜存栏量，是干旱灾害的应急响应措施之一
美国救助儿童会（Save the Children/US）

### B4.1 摘要

干旱灾害频发，导致严重的牲畜损失，市场价格下降，以致家庭粮食安

全受到威胁，对埃塞俄比亚牧民影响巨大。2006 年，一场严重的干旱灾害袭击了埃塞俄比亚，在前 6 个月，每头牛的价格从 138 美元下降到 50 美元。随着情况的进一步恶化，价格可能继续下跌，甚至出现大量的牛因缺乏牧草和饮水而死亡。

美国救助儿童会，作为国际非政府组织，在埃塞俄比亚和肯尼亚交界处的莫亚莱南区迅速启动了牲畜促销活动。该举措也被称为"商业减少牲畜存栏量"。牧民可以用牲畜换取现金，其中许多是可能死于干旱灾害的牲畜。然后，牧民用这笔钱购买食物，并为剩下的牲畜购买干草和饲料。通过此举措，牧民看到了减少存栏量明显优于粮食援助和传统救灾工作。更可喜的情况是，受旱家庭的抗旱能力更强了。

## B4. 2　举措

2006 年，埃塞俄比亚遭受了一场严重的干旱灾害。美国救助儿童会，在靠近埃塞俄比亚和肯尼亚边境附近的莫亚莱南区，实施了"商业减少牲畜存栏量"的措施，旨在减轻干旱灾害的影响。这一举措得到了一个为期两年、名为"牧民生计计划（PLI）"的支持。该计划由美国国际开发署（USAID）资助，由非政府组织联合体实施，目标是"通过提高以牲畜为基础的救济和发展模式，减轻干旱灾害和其他灾害对埃塞俄比亚牧民的影响"。除了主动减少存栏量，美国救助儿童会还通过该计划尝试了一系列以牲畜为基础的干旱灾害响应措施，包括紧急情况的动物健康检查，补充饲料，以及降雨后牧民家庭间的牲畜再分配等。

美国救助儿童会与埃塞俄比亚农业和农村发展部及牲畜贸易商合作，致力于制定和实施减少存栏量的举措。为了提高牲畜贸易商对该举措的认识，埃塞俄比亚农业和农村发展部的市场部门为当地市场和出口市场的牲畜贸易商举行了一次会议。这次会议在首都亚的斯亚贝巴召开，40 多位贸易商参加了会议。市场部门和美国救助儿童会还组织了一个考察团，以便贸易商能够走访干旱灾害影响地区。最终只有两位贸易商购买了 6000 头牛，每位贸易商有资格获得一笔 25000 美元的免息贷款，以帮助其弥补干旱灾害中资金流动的短期亏空。这两位商人也带动了其他商业牲畜贸易商购买该地区的牲畜。在 2006 年的干旱灾害中，共有约 2 万牲畜从莫亚莱区被买走。连续降雨过后，牲畜价格重新升高，2006 年 4 月的紧急干预行动也结束了。

## B4. 3　影响和结果

尽管减少牲畜存栏量举措的构想和实施非常仓促，而且只有少数贸易商参与其中，但其结果却令人印象深刻。约5400户，大约3万人，受惠于这项举措。那些积极参与该举措的家庭在急需食物和其他必需品的关键时刻得到了现金付款，因此应对干旱灾害影响的能力更强。这一举措结束的几个月后，美国塔夫茨大学在参与该举措的114个家庭中进行了影响评估，其目的是评估该举措的效益。评估结果是：

（1）该措施在干旱灾害期间创造了超过50%的家庭收入。这一收入的使用非常合理，主要用于满足家庭当前的需要和保护剩余牲畜资产。该收入的79%用于购买本地产品或服务，这种对当地市场的支持，正是灾后恢复所需要的。

（2）减少牲畜存栏量是参与者认为是最有效的干预措施。

（3）参与者能用获得的现金来购买食物，而不再像以前那样仅依靠政府的粮食救济。

（4）相比食品援助，参与者清楚地看到该措施的优势。除了食物，由减少牲畜存栏量得到的钱还可以用来购买其他物品，如药品和衣服等。

## B4.4 挑战

该项目在实施过程中，主要面临以下挑战：

（1）牧区基础设施的落后阻碍了市场导向的发展。最初，美国救助儿童会计划覆盖五个地区，但贸易商只选择了莫亚莱地区，其主要原因是其他地区道路条件恶劣。为了降低交易成本，他们决定将行动限制在主要柏油路的附近，也使得减少牲畜存栏量的举措只在相对便利的社区中可行。

（2）牧民对这一举措的疑虑。起初，牧民不相信贸易商会以高于当时市场价的价格购买瘦弱的牛，在经过一些交易之后，这种疑虑消失了，牧民开始向贸易商出售他们的牲畜。

（3）受旱地区和牲畜停候区之间的道路沿线常设有关税和税收收费点。这些收费为该举措的实施增加了额外的费用。

（4）数量有限的牲畜停候区是一种限制。在某些情况下，莫亚莱区的牲畜太瘦弱，不宜运输。贸易商期望在牧区有一定量的停候设施对牲畜进行喂养，直至其恢复到可以运输，而事实上往往牲畜停候区数量有限。此外，如果需要大量减少存栏量，贸易商就需要有额外的饲养场。在干旱灾害发生时，区域政府需要增划停候场地，方便购买和饲养大批牲畜。

## B4.5 经验教训

该项目在实施过程中，主要的经验教训如下：

（1）在某些情况下，减少存栏量可以有效补充取代传统的抗旱救灾工作。当发生严重干旱时，类似减少存栏量这种"牧民生计计划"是紧急救援响应的有效补充措施，可以更快地得以实施。不过，需要指出的是，这种"牧民生计计划"要求当地已具备畜牧服务和市场条件。

（2）在干旱时期，牧民非常愿意出售牲畜。他们不仅出售牲畜，还以合理的方式支配收入，以满足他们眼下对粮食的需要，并保护其剩余的牲畜资产。

（3）应尽可能早地考虑减少存栏量，甚至在官方宣布干旱灾害之前就进行考虑。2006 年的减少存栏量干预措施，是在很短的时间内设计完成的，先前的经验或专业知识非常有限。虽然评估结果显示了减少存栏量的效益，但是该举措事实上已经偏晚。2005 年 11 月政府宣布发生干旱灾害，直到 2006 年 3 月，才开始进行减少存栏量措施。而在 2005 年 10 月至 2006 年 3 月，牛的价格大幅下跌。如果在 2006 年 1 月进行减少存栏量措施，牧民的收入很可能是 3 月实施的两倍。这表明，未来的干旱灾害，需要有更好的应急方案和贸易商的准备。

## B4.6　推广潜力

商业手段减少牲畜存栏量可以在不同的环境中进行，如经历干旱灾害的非洲之角地区和因大雪导致饲料短缺的中亚山地牧区。该举措的可行性将很大程度地取决于该地区的牲畜市场状况，牲畜市场体系越强大，吸纳突然增加的牲畜数量就越容易。从理论上讲，在任何牧区，它都可以作为一项有益的干预措施。然而，在基础设施薄弱的边远地区实施减少存栏量措施，可能会有难度。因为燃料价格上涨，减少存栏量的相关开支必然增加，从而对该做法的经济效益产生负面影响。

## B5　尼泊尔

通过微灌改进小型旱地农业
用滴灌和喷灌提高困难农户作物生产
尼泊尔马纳哈里发展研究所（Manahari Development Institute – Nepal）

## B5.1　摘要

在全国总人口为 2400 万的尼泊尔，农民占到绝大多数，其中近 40％生活在绝对贫困中，每天收入不到 1 美元。而他们当中最贫穷的，是最边缘化并且资源贫乏的土著——切彭族。切彭族生活在偏远的山区坡地，他们的主要采用"轮作农业"的传统耕作方式。水资源短缺严重影响了当地农业生产，加之耕地面积原本就少，粮食安全只能维持不到3个月。

相比较而言，尼泊尔的丘陵和山区具备生产淡季蔬菜的优势，不过，要取得成功，必须解决旱期灌溉缺乏的问题。山区环境因素加上水源的缺乏，阻碍了渠灌系统的发展，唯一的选择是整合小型水源以及微灌技术，如滴灌和喷灌。2004年7月，尼泊尔非政府组织"马纳哈里发展研究所"发起了一个旨在降低切彭族干旱灾害脆弱性的项目。该项目以微灌技术为基础，通过增加作物生产提高切彭族的粮食和收入保障。通过滴灌、微喷灌等节水系统和低成本的蓄水箱，利用当地季节性或常年泉水、溪流或雨水资源。此外，传统的饮水系统也进行了改造。

## B5.2 举措

在距加德满都约70km的马卡万普区，居住着最贫困的山地土著部落，称为"切彭族"。他们被认为是尼泊尔最边缘化且资源匮乏的族群，主要从事轮作农业，粮食安全只能维持不到3个月。该地区的农业系统主要靠雨水灌溉，并且由于降雨不稳定，具有较高的干旱灾害风险。该地区降雨丰沛，约1993mm/年，但大部分的降雨发生在5～10月的季风季节，暴雨常常引发山体滑坡。11月至次年4月，则被认为是一个干旱期，气候干燥，土壤贫瘠，加之水资源保护不到位导致的严重水资源短缺现象，都对农作物生产造成不利影响。

2004年7月，尼泊尔非政府组织"马纳哈里发展研究所"发起了一个旨在降低切彭族干旱灾害脆弱性，改善切彭族生活条件的项目。该项目的主要目标是以微灌技术为基础，通过提高旱地农业生产力，为弱势的穷人，尤其是部落和土著社区的弱势妇女，提供粮食和收入保障。滴灌和喷灌是一个典型的"微灌溉"系统，精细利用，尽可能使水的利用效率最大化。通过滴灌、微喷灌等节水系统和低成本的蓄水箱，当地季节性或常年的泉水、溪流或雨水资源得以利用。为了满足社区对饮水和灌溉的需要，还对传统的饮水系统进行了改进。在这个系统中，水被收集在一个蓄水箱中，饮用水通过一个单独的管道输送到居民家中，溢出的水则被收集在另一个集水槽中，并通过建在农田不同位置的排水口（配水点）流出去。滴灌或喷灌系统与排水口相连，为作物供水。滴灌技术通过与水槽相连的塑料管直接向作物供水，失水率达到最低。有不同型号的滴灌系统可供选择，以满足不同范围内的供水需求。

## B5.3 影响和结果

该系统被安装在15个村庄的131户家庭，蔬菜作物使用的滴灌系统占地

$8hm^2$。与传统的非灌溉作物相比，切彭族从蔬菜作物获得的现金收入增长了162％。这有效降低了贫困、边缘化和资源贫乏的切彭族粮食危机的脆弱性，同时增加了干旱时期的抵御能力。此外，该项目最大限度地利用所有可用的本地水源（常年性，季节性，废水），乃至降雨，强调加强管理稀缺的水资源，推行具有多重效益的系统。

## B5.4　挑战

该项目在实施过程中，主要面临以下两个挑战：

（1）生产淡季蔬菜是一个具有挑战性的任务，需要大量的技术技能和知识。最初，一些农民没能获得好收成，主要是因为他们缺乏必要的技术诀窍。但是，这个问题最终通过项目技术人员的严格培训和支持得以解决。

（2）切彭族的受教育程度很低，并且位置偏远，为项目的实施带来很多困难。这些问题不仅需要一种不同以往的培训和交流方法，还需要更多的时间和准备工作，由此在项目实施中转化为更高的成本。

## B5.5　经验教训

该项目在实施过程中，主要的经验教训如下：

（1）在有迫切需求的地区，往往更可能获得项目成功。

（2）在受教育程度低的偏远社区，严格的培训和支持有助于技术传播。

（3）凭借一些外部的支持和资源，贫困和边缘化的土著人也能够实施一些技术驱动的举措。

（4）有时候，并不需要做太多就可以帮助高度脆弱的群体创造财富，有效地利用这些财富，降低他们自身面对自然灾害的脆弱性。

## B5.6　推广潜力

在尼泊尔共 260 万 $hm^2$ 农业用地中，近百万公顷都是高地（巴里），80％的巴里农田位于丘陵地区。由于相似的社会、经济、文化和物质环境以及较好的收益，该项目可在尼泊尔更广的区域进行复制推广。

# 参 考 文 献

［1］ United Nations secretariat of the International Strategy for Disaster Reduction. Disaster Risk Reduction Framework and Practices: Contributing to the Hyogo Framework for Action ［R］. Geneva: UNISDR，2009.

［2］ The National Drought Policy Commission. Preparing for Drought in the 21$^{st}$ Century ［R］. Washington，D. C. : USDA/FSA/AO，2000.

［3］ Wilhite D. Drought assessment，management，and planning: Theory and Case Studies ［M］. Boston: Kluwer Academic Publishers，1993.

［4］ Wilhite D. Buchanan – Smith M. Drought as Hazard: Understanding the Natural and Social Context ［M］//Wilhite D. Drought and Water Crises Science: Technology and Management Issues. Florida: Taylor & Francis Group，2005.

［5］ Nichols N，Coughlan M，Monnick K. The Challenge of Climate Predictions in Mitigating Drought Impacts ［M］//Wilhite D. Drought and Water Crises Science. Technology and Management Issues. Florida: Taylor & Francis Group，2005.

［6］ Wilhite D，Hayes M J，Knuston C L. Drought Preparedness Planning: Building Institutional Capacity ［M］//Wilhite D. Drought and Water Crises Science，Technology and Management Issues. Florida: Taylor & Francis Group，2005.

［7］ Wilhite D，Boterill L，Monnick K. National Drought Policy: Lessons learned from Australia，South Africa and the United States ［M］//Wilhite D. Drought and Water Crises Science，Technology and Management Issues. Florida: Taylor & Francis Group，2005.

［8］ Vickers A. Managing Demand: Water Conservation as a Drought Mitigation Tool ［M］//Wilhite D. Drought and Water Crises Science，Technology and Management Issues. Florida: Taylor & Francis Group，2005.

［9］ Allaby M. Droughts ［M］. New York: Facts On File Science Library，2002.

［10］ Tate E，Gustard A. Drought Definition: A Hydrological Perspective ［M］//Vogt J，Somma F. Drought and Drought Mitigation in Europe. Boston: Kluwer Academic Publishers. 2000.

［11］ Downing T，Bakker K. Drought Risk in a Changing Environment ［M］//Vogt J，Somma F. Drought and Drought Mitigation in Europe. Boston: Kluwer Academic Publishers，2000.

[12] Rossi G Drought Mitigation Measures：A Comprehensive Framework [M] //Vogt J，Somma F. Drought and Drought Mitigation in Europe. Boston：Kluwer Academic Publishers，2000.

[13] Wilhite D，Boterill L C，O' Meagher B. At the Intersection of Science and Politics：Defining Exceptional Drough [M] //Boterill L C，Wilhite D. From Disaster Response to Risk Management – Australia's National Drought Policy. The Netherlands：Springer Press，2005.

[14] Hayman P，Cox P. Drought Risk as a Negotiated Construct [M] //Boterill L C，Wilhite D. From Disaster Response to Risk Management – Australia's National Drought Policy. The Netherlands：Springer Press，2005.

[15] Wilhite D. Drought Policy and Preparedness：The Australian Experience in an International Context [M] //Boterill L C，Wilhite D. From Disaster Response to Risk Management – Australia's National Drought Policy. The Netherlands：Springer Press，2005.

[16] Loucks D P. Decision Support Systems for Drought Management [M] //Andreu J，Rossi G. From Drought Management and Planning for Water Resources. Florida：Taylor & Francis Group，2005.

[17] Andreu J，Solera A. Methodology for the Analysis of Drought Mitigation Measures in Water Resource Systems [M] //Andreu J，Rossi G. From Drought Management and Planning for Water Resources. Florida：Taylor & Francis Group，2005.

[18] Darghouth S，Dinar A. Investing in Drought Preparedness [R]. Genevan：World Bank，2006.

[19] Schaw A，Eschelbach K，Brower D. Hazard Mitigation and Preparedness [M]. New Jersey：John Wiley and Sons，2007.

[20] Shalizi Z. "Addressing China's Growing Water Shortages and Associated Social and Environmental Consequences" World Bank Policy Research Working Paper 3895 [R]. Washington：World Bank，2006.

[21] Tallaksen L，Van Lanen H. Developments in Water Science 48：Hydrological Drought Processes and Estimation Methods for Stream Flow and Groundwater [M]. The Netherlands：Elsevier，2004.

[22] IPCC Climate Change 2007：Impacts，Adaptation and Vulnerability. Cambridge University Press，2007.

[23] Keyantash J，Dracup J A. The Quantification of Drought：An Evaluation of Drought Indices [J]. American Meteorological Society，2002，83（3）：1167 – 1180.

[24] J. S. Samra. Review and Analysis of Drought Monitoring，Declaration，and Management in India [R]. International Water Management Institute，2004.

[25] 童国庆. 澳大利亚的城市雨水利用设计 [J]. 水利水电快报，2007，28（15）：4-5.

[26] 秦大河. 中国气候与环境演变 [M]. 北京：科学出版社，2005.

[27] 秦大河. 中国西部环境演变评估：中国西部环境演变评估综合报告 [M]. 北京：科学出版社，2002.

[28] 矫勇. 深刻领会科学发展观的要求，切实做好新时期的水利规划计划工作——在2007年全国水利规划计划工作会议上的讲话. 2007.1.18.

[29] 张建云，王国庆，等. 气候变化对水文水资源影响研究 [M]. 北京：科学出版社，2007.

[30] 水利部水利信息中心. "九五" 国家科技攻关计划（96-908-03-02）"气候异常对水文水资源影响评估模型研究技术"报告 [R]. 北京：水利部，2001.

[31] 水利部水文局. "十五" 国家科技攻关计划（2001-BA611B-02-04）"气候变化对我国淡水资源的影响阈值及综合评价"技术报告 [R]. 北京：水利部，2003.

[32] 国家防汛抗旱总指挥部办公室，水利部南京水文水资源研究所. 中国水旱灾害 [M]. 北京：中国水利水电出版社，1997.

[33] 国家防汛抗旱总指挥部办公室. 防汛抗旱专业干部培训教材 [M]. 北京：中国水利水电出版社，2010.

[34] 李克让. 中国干旱灾害研究及减灾对策 [M]. 郑州：河南科学技术出版社，1999.

[35] 张养才，等. 中国农业气象灾害概论 [M]. 北京：气象出版社，1991.

[36] 阮均石. 气象灾害十讲 [M]. 北京：气象出版社，2000.

[37] 宋连春，等. 干旱 [M]. 北京：气象出版社，2003.

[38] 张继权，李宁. 主要气象灾害风险评价与管理的数量化方法及其应用 [M]. 北京：北京师范大学出版社，2007.

[39] 邹铭，范一大. 自然灾害风险管理与预警体系 [M]. 北京：科学出版社，2010.

[40] 王绍玉，唐桂娟. 综合自然灾害风险管理理论依据探析. 自然灾害学报，2009：18（2）：33-38.

[41] 吕娟，屈艳萍，等. 重庆市干旱灾害脆弱性分析. 中国水利，2006（23）：30-32.

[42] 赵文双，商彦蕊，等. 农业旱灾风险分析研究进展. 水科学与工程技术，2007，（6）：1-5.

[43] 彭顺风，等译. 干旱与水危机：科学、技术和管理 [M]. 南京：东南大学出版社，2008.

[44] 商彦蕊，高国威. 美国减轻农业旱灾的系统控制及其对我国的启事. 农业系统科学与综合研究，2005（2）：128-132.

[45] 中华人民共和国水利部. 2010中国水利统计年鉴 [M]. 北京：中国水利水电出版社，2010.

[46] 中华人民共和国水法 . 2002.

[47] 中华人民共和国抗旱条例 . 2009.

[48] 中华人民共和国水土保持法 . 2010.

[49] 中华人民共和国土地管理法 . 1999.

[50] 鄂竟平 . 推进单一抗旱向全面抗旱转变 [J] . 中国水利，2004，(6)：15 - 18.

[51] 鄂竟平 . 大力推进两个转变，提高防汛抗旱能力——在 2005 年全国防汛抗旱工作会议上的讲话，2005.1.10.

[52] 张志彤 . 实施水旱灾害风险管理大力推进"两个转变" . 中国水利学会 2005 学术年会 .

[53] 中华人民共和国国务院新闻办公室 . 中国的减灾行动，2009.5. http：// www. gov. cn/zwgk/2009 - 05/11/content_ 1310227. htm.

[54] 中共中央、国务院 . 《关于加快水利发展改革的决定》（中发 [2011] 1 号）. 2011.

[55] 国家统计局 . "十一五"经济社会发展成就系列报告之一：新发展　新跨越　新篇章 . 中国统计信息网 . 2011.3.1.

[56] 国家综合防灾减灾"十二五"规划 . 2011.

[57] 陈雷 . 明确目标，注重实效，全面提升水利信息化水平—在全国水利信息化工作会议上的讲话 . 2009.4.18.

[58] 鄂竟平 . 中国水土流失与生态安全综合科学考察总结报告 . 2008.11.20.

[59] 水利部水利水电规划设计总院等 . 中国水资源及其开发利用调查评价 [R] . 2005.

[60] 全国水资源综合规划编制组 . 全国水资源综合规划（2010 - 2030 年）. 2010.

[61] 澳大利亚 GHD 公司，中国水利水电科学研究院 . 中国洪水管理战略研究 [M] . 郑州：黄河水利出版社，2007.

[62] 成福云 . 对我国干旱风险管理的思考 . 中国水利学会 2005 学术年会 .

[63] 刘学峰，万群志，吕娟 . 对全面推行抗旱预案制度的思考 [J] . 中国水利，2009 (6)：22 - 24.

[64] 吴玉成 . 西南五省区特大干旱带来的反思 [J] . 中国防汛抗旱，2010 (2)：5 - 7.

[65] 马静，陈涛，申碧峰，汪党献 . 水资源利用国内外比较与发展趋势 [J] . 水利水电科技进展，2007，27 (1)：6 - 13.

[66] 王建华，王浩 . 从供水管理向需水管理转变及其对策初探 [J] . 水利发展研究，2009 (8)：49 - 53.

[67] 刘颖秋，宋建军，等 . 干旱灾害对我国社会经济影响研究 [M] . 北京：中国水利水电出版社，2005.

[68] 张家团，屈艳萍 . 近30 年来中国干旱灾害演变规律及抗旱减灾对策探讨 [J] . 中国防汛抗旱，2008 (5)：47 - 52.

［69］ 喻朝庆，宫鹏．我国的旱灾威胁及其战略对策［N］．科技日报，2010.4.8.

［70］ 霍雅勤，姚华军，王瑛．中国水资源危机与节水潜力分析［J］．资源产业，2003（1）：10－149.

［71］ 罗兰．中国地下水污染现状与防治对策研究［J］．中国地质大学学报（社会科学版），2008（2）：72－75.

［72］ 沈琳，中国水资源污染的现状、原因及对策［J］．生态经济，2009（4）：182－185.

［73］ 彭祥．中国宏观与区域发展战略对水资源配置的影响研究［J］．中国水利，2008（13）：23－26.

［74］ 宁金花，申双和．气候变化对中国水资源的影响［J］．安徽农业科学，2008（4）：1580－1583.

［75］ 申洪源，解立堂．中国水土流失问题及对策［J］．临忻师范学院学报，2001（6）：72－74.

［76］ 李云玲，刘颖秋，等．中国宏观水资源配置格局研究［J］．水利发展研究，2009（8）：11－13.

［77］ 宋先松，石培基，等．中国水资源空间分布不均引发的供需矛盾分析［J］．干旱区研究，2005（2）：162－166.

［78］ 张忠明，栾立明．中国农业保险发展的困扰因素分析［J］．重庆大学学报（社会科学版），2007（2）：26－31.

［79］ 肖玉红．国际农业保险模式：对中国农业保险制度的启示［J］．湖北行政学院学报，2007（3）：37－40.

［80］ 吴丽英．种植结构调整对农业节水潜力影响分析［J］．水科学与工程技术，2009（1）：46－48.

# 致　谢

　　"中国干旱灾害风险管理战略研究"是亚洲开发银行在中国开展的第一个抗旱领域技术援助项目，得到了各级各部门的高度关注和大力帮助。

　　感谢亚洲开发银行项目经理为本项目的策划和执行做出的大量努力，他一丝不苟的工作态度和丰富的管理经验给专家组留下了深刻的印象。

　　感谢中华人民共和国水利部在项目实施过程中付出的大量心血，他们渊博的专业知识和无私的奉献精神让专家组受益匪浅。作为项目执行机构，水利部成立了专门的项目管理办公室，积极跟踪了解项目的进展，并精心组织了多次国内外学术交流研讨会。作为业务指导部门，国家防汛抗旱总指挥部办公室对此项目给予了高度重视，一方面无私地奉献了大量宝贵的数据和资料，另一方面承担了大量的沟通协调工作，确保了本项目的顺利开展。

　　感谢内蒙古、天津、辽宁和安徽等省（自治区、直辖市）防汛抗旱指挥部办公室对本项目给予的大力支持和帮助，他们积极主动的工作态度和不懈努力的精神都使专家组深受感染。

　　最后，对所有为本项目提供支持和帮助的单位或个人致以最诚挚的感谢！

**亚行技援中国干旱管理战略研究课题组**

2011 年 8 月